「食」的意思

「食」字的寫法是上面一個「人」，下面一個「良」。
也可以說是，「食」會使「人」變「良（好）」。
人為了要變得更「良（好）」，所以會進「食」。

進食是為了生存而採取的行為。
人類會積極地獲取食物，通過進食來維持生命。
人類更將飲食行為隨着進化變成文化，代代相傳。
飲食受到歷史、環境、自然現象等因素影響，產生了無窮無盡的變化。
為了滿足人們的食慾和要求，「飲食文化」不斷地發展。
而把這優良傳統傳給後世，是身為父母的責任。

甚麼是飲食教育

飲食教育就是教孩子如何去選擇食材、怎樣烹調、吃甚麼對身體最好、怎樣去吃、和誰一起吃，通過良好的飲食習慣，讓孩子身心都能健康成長。

飲食習慣不僅會影響孩子的身體發育，而且也深深影響他們的大腦功能、心智強弱和對人的態度。良好的飲食習慣是養育「好孩子」的重要條件。

反過來說，如果沒有良好的飲食習慣，也就培養不出「好孩子」。

因此，在我的育兒過程中，「飲食教育」是最大的支柱之一。

認識自己的體質

我母親常說，「從祖宗得來的身體，生殺全看自己。」、「想養好身體，關鍵在於吃適合自己的食物和養成良好的生活習慣。」

祖宗傳給我們的身體，未必是完美的。但可以從飲食習慣，把自己的身體保持最佳狀態。

首先，我們要理解並接受自己的身體，了解它的優勢和劣勢，然後再去調整。而其中一個最有效的調整方法就是每天的飲食。

理解自己身體的第一步，就是要辨別自己的「體質」。

人的體質分為三大類、六小類。

即寒性或熱性、濕性或燥性、實性或虛性。

每個大類中摘取一個小類，就能知道自己大概屬於甚麼體質了。

比如說，我屬於「寒性、燥性、虛性」的體質。

理解了自己的體質屬性，就能選擇適合自己的食物。

為了阻止病源變為大病，我們要提高自己身體的抵抗力。能否做到便要視乎選擇適合自己的食物。

而即使生病了，我們也能用食物的力量，幫助治癒、緩解症狀，健康後回復正常生活。

飲食教育的真理

但是，「飲食教育」不光光是為了健康。

通過「飲食教育」，父母可以鍛煉孩子的身心成長。

吃東西對於人來說，是一件非常開心的事。

口腹之慾若得到滿足，頭腦裏便會分泌出讓人感到開心的激素，人就會得到快樂、放鬆和安心的感覺。

如果是跟氣味相投的夥伴一同用餐的話，人還會有高度的幸福感。所以，吃東西可以控制和影響情緒。

供給孩子們多樣化的食物，更可以刺激他們的大腦，有助建立靈活和高性能的腦袋。

通過食物，太好動的孩子可以安靜下來。

通過食物，可以提高孩子的注意力。內向的孩子會變得積極向上；任性的孩子會變得能為他人着想；體弱多病的孩子會變得健健康康；睡眠不好的孩子也能睡得香甜。

為了使育兒成果美滿、過程愉快，我們便應借助食物的力量。

孩子在獨立生活之前，飲食方面通常依賴父母。這個期間，父母應為孩子們仔細挑選良好的食物，教他們烹飪技術，讓他們了解食物的質素，引導他們從食物中找到人生真理。讓孩子領會到，人是為了做更良好的人而食用的道理。

三兄弟十歲、七歲和零歲時。

目錄

Agnes' Recipes

陳美齡親授菜譜！想做給孩子吃的菜式

chapter 1

孩子出生之前，媽媽已可以為孩子採取的飲食方式

What to eat during pregnancy

育兒從懷孕開始

育兒是從懷孕開始的。

孩子雖然還未出現在眼前，但他或她確確實實正在媽媽的肚子裏成長。

從那時起，作為母親已可以通過飲食，為孩子做許多事情了。

媽媽曾經跟我說過這樣一句話：

「如果沒有好的土壤，是無法種出好的農作物的。」

媽媽的身體，就是孩子成長的土壤。

為了培養健康的胎兒，母親要保持良好的身體。

孕婦要吃有營養的食物，避免吃有害身體的東西。

許多女性懷孕之後，更開始變得十分注意飲食。

「我現在不光是自己一個人了，不能亂來。」

她們一方面覺得要為守護寶寶而感到驕傲，另一方面又感到這份責任的重大。

心理學家指出，如果總是單想着為自己做事，不知不覺便會感到厭倦，覺得人生沒有意義。

但是，為別人着想去做事時，卻會產生令自己也驚訝的動力。
所以說，女性一旦成為母親，立刻會變得堅強起來，因為有了需要自己的對象。
「為母則剛」，這句話指的就是從母愛中誕生的力量。

懷孕期間，哪些能吃，哪些不能吃？

當母親知道我懷了孕時，立即致電給我說：「為了避免給肚子裏的寶寶帶來壞影響，有許多食物是孕婦不能吃的。」
我聽到的時候，有點困擾。心想：「是真的嗎？」
但我又覺得，要是能對寶寶有利的話，也值得去遵守。想不到有很多我喜歡吃的東西都是在懷孕期間不宜吃的。
那麼究竟有甚麼可以吃，又有甚麼是不宜吃的呢？

魚類

魚類屬於孕婦可以吃的食物。但是，非紅色血液的海產不能吃。

例如螃蟹、蝦、章魚、墨魚和貝類等。

這些都被稱為「寒性」食物。

寒性是萬病之源。

孕婦的身體一旦受寒，體內血液循環就會變差，營養也就無法順利地輸送給胎兒。

而且上面提到的食物容易腐壞。

所以為了不想食物中毒，不宜食用。

我非常喜歡吃螃蟹、蝦和墨魚，要忍住不吃，確實很難受。

但為了肚子裏的寶寶，我甘心的遵守了。

補品

冷血的海產中也有可以食用的。

那就是鮑魚、帶子和乾瑤柱。

只要燒熟吃就沒有問題。
尤其是乾鮑魚特別好。
因為鮑魚在被曬乾的過程中，營養價值也隨之提高。
鮑魚和帶子（瑤柱）是非常優質的蛋白質來源。
這些食物普遍被稱為「補品」。
其他「補品」還有花膠、魚翅、燕窩等等。
由於它們含有豐富的膠原蛋白，母親吃了可以生出健康又漂亮的寶寶。
但是，這些食材的價格比較昂貴，並不是時常可以食用的。
尤其是乾鮑魚，有些價格甚至高達一個幾千元。
我平時也不會吃。
但是自從我懷孕以後，親戚朋友會把補品當賀禮送給我，祝願我「生下健康的孩子」。這是一個中國的傳統。
感恩有這個習俗，有很多孕婦能得到吃多點補品的機會。

肉類

肉類也有「正氣」和「邪氣」之分。

鴨肉不可以吃，雞肉和鴿子肉可以吃。
馬肉、熊肉、野豬肉等都是野味，不能吃，而豬肉和牛肉則可以正常吃。牛肉因為有助於緩解貧血問題，是可以吃，但它不容易消化，所以一般會用來做湯，只喝湯來攝取精華成分。
這些被認為是「正氣」的肉類，食用後不會對母親和胎兒的身體造成多餘的負擔，營養容易被身體吸收。

蔬菜

蔬菜方面，普通蔬菜只要是煮熟都可以食用，但會令身體變寒的種類不能多吃。
例如瓜類，要控制攝入量。要吃的時候，可以把瓜類和肉類一起煮熟後吃。
根莖類蔬菜會令身體變暖，一般來說，可以多食用。
基本上，生的蔬菜都不應吃。因為它們會讓身體受寒，又有引致腹瀉的危險性。
辛辣的、刺激性強的蔬菜也不應吃。

水果

水果中也有許多是不宜吃的。

我最喜歡吃的木瓜、芒果、荔枝等水果就不能吃。

西瓜會使身體受寒，因此也不適合孕婦食用。

能吃的只有被稱為「正氣」的水果，例如橙、桔子等柑橘類，蘋果、葡萄和香蕉等。

其他

豆類、米飯、麵類等可以吃。

咖啡、紅茶等含有咖啡因成分的不能吃。

酒類當然要禁止飲用。

另外，不要吸煙，以及不去有人吸煙的場所也很重要。

這些注意事項不光要在懷孕期間注意，也要一直持續到哺乳期。所以對我來說，生了三個孩子，每個小孩餵了二十個月母乳，懷孕和餵母乳的時間加起來，一共有九年左右沒有吃過這些東西了。

看到周圍的人在吃我喜歡的食物時，只能羡慕地咽口水。但是想到都是為了孩子，我就忠實地照做了。

現在回想起來，卻又覺得十分值得，為了孩子的健康，小小犧牲，並不痛苦。

希望大家在懷孕和餵母乳期間，看到出現在眼前的食物，不要端上來了就馬上去吃，首先要思考一下。

「這對寶寶有利嗎？」、「這對寶寶有害嗎？」

然後再做選擇。

如果大家懷孕之後都能做到這一點，養成對於飲食進行「思考」的習慣就太好了。

生個「大」孩子，健康來養育

在日本，有這麼的一句話，「生個『小』孩子，養成『大』孩子。」

有許多日本人認為，懷孕期間媽媽不能長太胖，也不能讓胎兒長太大。

相信這是因為以前孕婦生產時，如果肚子裏的孩子太大的話很容易難產，這樣孩子和產婦都會有生命危險。

但是，如今大家一般都會去醫院生產，已經沒有必要特意控制腹中胎兒的個子大小了。

相反地，為了防止體重過輕的嬰兒出生，正確的做法是食用具有豐富營養的食物，「生個符合標準體重的『大』孩子，健康來養育。」

出生時體重少於二點五千克的嬰兒被認定為「低出生體重嬰兒」。在日本，每十個嬰兒中，有一個嬰兒是低出生體重的。比起其他先進國家，比例相當之高。

出生時個子小的孩子，通常抵抗力也會弱。

內臟、骨骼不強壯的話，就很容易生病。

消化功能和呼吸功能如果沒有發育健全，低出生體重嬰兒會比較難照顧。父母要操心的事也會多了很多。

因此，為了孩子也好，為了自己也好，最重要的是多吃些對身體好的食物，生出健康強壯的孩子。

借助食物的力量，在孩子出生之前，作為母親，請通過自己的身體給孩子提供母愛滿滿的營養吧。

提高免疫力「冬菇蓮藕豬肉湯」（第204頁）

chapter 2

產後
吃甚麼來補養身體？

Postnatal
care through
nourishment

保養產後孕婦身體的中國食材

生孩子對於女性來說是一個重大的職責。

可以說，這是折騰自己的身體來養育小生命的一個重大工程。

生產給身體帶來的損傷也不少，要康復過來，需要借助食物的力量。

在我國，傳統上有許多食物被認為是能滋補生產後孕婦的身體的。

我也虛心接受了這些自古以來的智慧，食用了這些食物。

在這裏我為你們介紹我產後吃過而覺得特別美味的食物。

生薑、甜醋，香甜四溢的味道

懷孕進程順利，快要臨盆的時候，要開始做為產婦保養身體的食物。

這裏介紹一下「薑醋」。

薑醋是中國南方人為產婦準備的產後食品，基本上是用甜醋、生薑、豬腳和雞蛋做成的。做法並不困難，卻要有時間和耐心。

生薑剝皮、輕輕敲打之後炒一下，再放入加了大量甜醋的大瓦鍋中。

清洗豬腳，切成適合入口的大小，焯水後也放入鍋中。
放二至三千克的生薑，放入豬腳二十至三十件。
然後從早到晚一直以小火慢煮。
到了晚上關火，第二天早晨再開火，再次煮到晚上。
煮的這一鍋食物，一邊不斷加入甜的黑醋和材料，一邊以同樣步驟可煮兩周甚至三周時間。
這個期間，家裏充滿了生薑和甜醋的香氣。
每次有人從家門前經過，嗅到薑醋的香味，就會知道，
「啊！這家人家要生孩子了。」
孕婦開始陣痛時，做薑醋的人就開始煮雞蛋，將煮熟了的雞蛋去殼，放入鍋中。
然後以同樣步驟慢煮。
孩子出生後，產婦就可以喝鍋裏的醋，吃豬腳、生薑和雞蛋了。
生薑能使身體變暖。
醋能使惡露從體內排出，淨化身體。

豬腳能補充膠原蛋白，雞蛋則補給營養。

食用生薑，腸胃功能好了，也不容易便秘。

而且，這料理真的非常美味。

醋味甜蜜蜜的。蛋也被滲入了醋，味道絕佳。

經過長時間煮出來的豬腳沒有羶味，肉質軟糯，入口即融化。

生薑的辛辣味也會完全消失，咬起來爽爽脆脆的。

而且，中國南方人有一個傳統，就是會把薑醋分給親戚朋友和鄰居，感謝大家的親情友情。

因為這道菜做起來非常花工夫，所以大多數是祖母為女兒或媳婦做的，也就是祖母給女兒和剛出生寶寶的一種愛的表示。

在難得吃到有營養食物的時代，薑醋是人們一生當中，每逢新生命誕生時享用的佳餚。「薑醋」不單是對產婦的身體有益，也是把喜悅分享給旁邊的人。

在我國其他地方也有很多給產後媽媽食用的營養食品。

例如牛肉黑豆湯（用黑豆和牛肉或瘦肉，再用生薑一起煮湯），或煮酒雞湯（用一隻光雞，邊灒白酒或紹興酒邊小火慢煮。）等等，各鄉各味，都是為了能幫助產婦暖身、補養身體。希望這些有心思和智慧的習俗，能一代一代的承傳下去。

「坐月子」

廣東媳婦要持續吃薑醋一個月。

當然，其他食物也要按時按量地吃。

但基本上，每天、每餐都要吃薑醋。

生產後的一個月時間稱為「坐月子」。

坐月子期間，產婦只能躺着不能動，因此有了這個名字。

產婦一直躺在床上，寶寶也睡在身旁。

而家務如做菜、做飯，則會交給別人。

人們認為通過這樣讓產婦得到充分休息，有助於她養好身子，生育下一個孩子。

在這一個月期間，生冷食物一律不吃。為了催母乳，產婦也要充分休養生息。

在醫生不是隨傳隨到的時代，「坐月子」是為了保護生產後母親和寶寶健康的方法。

現代社會，「坐月子」這回事已不多見，我也沒有「坐月」的。但生了小孩子之後，媽媽要小心身體，吃好睡好是重要和合理的習慣，為了小寶寶，媽媽要多愛護自己。

坐滿了一個月，嬰兒「滿月」了。

一般家庭都會邀請親友來喝「滿月酒」，介紹嬰兒和自豪的媽媽與親友見面，親友則帶禮物來恭賀小生命的誕生。

營養價值極高的點心「銀杏雞蛋豆漿糖水」（第188頁）

chapter 3

母乳是媽媽能夠提供給嬰兒的最強食物

Breast milk is the ultimate super food for your baby

初乳是媽媽給寶寶最珍貴的禮物

孩子出生後，媽媽馬上要給孩子餵「初乳」。
初乳是帶些黃色的乳汁，是生產後大約一小時內從媽媽的乳房分泌出來的。
初乳的份量不多，但它對寶寶來說，卻是非常珍貴的。
初乳中富含乳鐵蛋白、分泌型免疫球蛋白A，為新生兒提供免疫力。
它是嬰兒從媽媽得到的第一份「疫苗」。
而且，初乳蛋白質成分高且低糖，對嬰兒來說是不可或缺的第一份食物。
為了能順利地給嬰兒提供初乳，懷孕之後，就要注意清潔乳頭、按摩乳房，使母乳更易產出。
有些人可能比較難出母乳，可以嘗試着讓嬰兒一直吸吮乳頭，嬰兒的吸力，可以刺激媽媽分泌母乳的能力，這樣母子共同努力，母乳是總會出來的。
希望媽媽保持耐心，多努力努力，務必給自己的孩子餵上這珍貴的初乳。

母乳出不來的苦惱時期

在我生下大兒子之後，一開始，母乳完全出不來。
由於是第一次生小孩，也不具備足夠的知識，所以沒有為餵哺母乳做準備工作。
眼看着自己孩子一天天的餓着，卻好幾天母乳都出不來，那時急得不禁哭了。

我是在加拿大生下大兒子的。
那一間醫院推崇母乳餵養。
即使母親未有分泌母乳，醫院也不會給嬰兒提供其他食物。
因為嬰兒愈餓，會愈用力來吸吮母親的乳頭，這樣就會刺激乳房分泌母乳。
但即使如此，我的母乳還是出不來。
孩子也餓得日漸消瘦了。
當時真的非常焦慮。
想盡各種辦法，拼了命地要弄出母乳來。

有幾種湯，產婦喝了，可以催乳。
例如白肉魚木瓜生薑湯，是用木瓜和生魚做的。
我母親每天給我做，送到醫院來，我每天都喝了不少。
在加拿大，據說用來製作啤酒的啤酒花可以催乳，所以我也喝了大量的無酒精啤酒。
那段時間我一直在煩惱，不知如何是好。覺得自己不配為人母，連母乳也弄不出來。
「是否應用嬰兒配方奶粉？」、「寶寶會不會餓死呢？」我不停的在憂慮。
但過了一星期，突然間有一天，我的母乳像噴泉一樣噴湧出來了！
趕快給寶寶餵奶，寶寶也急不及待的吃奶。
那一刻，我才真正感受到自己真是名副其實的哺乳動物啊！
當時如釋重負的心情，我一輩子都不會忘記。
既開心，又充滿感激和感動。
孩子喝了我的母乳後，心滿意足地睡着了。看着他可愛的睡臉，我覺得自己所有的辛苦都沒有白費。

完美的食物

如果只能吃一種食物的話，甚麼食物可以完美地支援生命的延續呢？

那就是母乳。

無論配方奶粉品質多好，都敵不過母乳。

從營養學的角度來考慮，嬰兒從出生後至六個月大，這期間只餵母乳就已經完全足夠了。

除此之外，母乳是有很多好處。

母子羈絆

母乳除了給嬰兒提供好的營養之外，還能令母親擁有「為人母的切身感受」。

通過懷孕、生產的經歷，身為母親的覺悟油然而生。

但人們也經常說，光把孩子生下來是無法成為父母的。

通過把孩子培養長大，才能體會成為真正的父母。

母性本能，在養育孩子的歷程中，越來越強大。

其中一個重要的經歷，就是哺乳。

通過母乳哺育，母愛本能會提高，母親會越來越愛孩子。嬰兒身上的香味、怦怦的心跳聲、身體傳來的暖意……母親自然而然就更想保護自己的孩子。孩子也對母親感到更加親近。被擁抱在懷的時候，母親的味道、怦怦的心跳聲、母乳的香味、母親的體溫，這些都會被他記住，令他會感到十分安心。這樣，親子之間的親密關係就誕生了。

母親的情緒會穩定，孩子也不會多哭泣，容易照顧。母親便成為孩子的支柱。這，就是所謂的「羈絆」。

通過餵母乳，每天都能體會到這份親手、親眼感受到的羈絆。

聯合國國際兒童基金會建議產婦在產後半年內以純母乳餵養嬰兒。六個月開始可以同時提供離乳食，至於何時戒奶，可以根據孩子的需求，並沒有鐵定的歲數。

母乳餵養的嬰兒成長特別好

聯合國兒童基金會指出，在頭六個月，母乳餵養的嬰兒生存率比非母乳餵養的嬰兒高達十四倍。

母乳餵養的嬰兒出現肚瀉、呼吸道感染的情況比非母乳餵養的嬰兒少。

其他如肥胖、高血壓、糖尿病、兒童哮喘的患病風險也較低。

最近研究更顯示，因為母乳對大腦成長有利，母乳餵養的嬰兒比非母乳餵養的嬰兒認知能力高，成年後智力和收入比非母乳餵養的嬰兒要高。

所以，母乳不單是有高度的營養值那麼簡單，而是可以對孩子的一生有良好的影響。

母乳是為孩子打造健康身體、腦袋和心靈的無價之寶。

它只能從母親身體中而來。

是母親生產出來最珍貴的食物。

這也是身為母親能夠給予孩子最好的母愛。

通過哺乳，還能使女人的母性油然而生。

因此，餵母乳是百利而無一害的事情，沒有道理不去發揮母乳的作用。

建議所有媽媽給孩子母乳餵養。

餵母乳期是女超人

餵母乳期間，媽媽因為有荷爾蒙激素支持，會覺得精力很充沛，有點像「女超人」一樣。

我自己的三個孩子，每個孩子都喝了一年八個月的母乳。但在餵奶期間，沒有覺得太累。

但每次孩子戒奶後，我會感到十分疲倦。正好孩子那時也是處於精力旺盛的時候，一天跑來跑去追着孩子，身體的負擔特別重。

為甚麼會那麼累呢？

哺乳期的女性非常強大，這是靠身體內的荷爾蒙激素支持的。

但是，一旦戒奶，支撐着身體的荷爾蒙水平銳減，身體從「媽媽」變回「女性」。每月的生理會開始重來，也有再懷孕的可能性。

可以說是從「女超人」回到普通女人的狀態。

所以，媽媽要在孩子戒奶之前做好心理準備。

感到身體實在太累的時候，要及時求助於人，並且充分休息。

chapter 4

離乳食

會影響孩子的一生

Baby food
can influence
a child's life

一邊觀察孩子反應，一邊進行離乳食餵養

許多家庭會在孩子出生半年後，開始一邊餵母乳一邊餵離乳食。離乳食是孩子除了從母乳或配方奶以外，人生中第一次品嘗到的食物。餵離乳食的這一期間，會決定孩子以後會喜愛甚麼樣的食物。如果想避免孩子養成挑食的習慣，這期間提供給他們的食物非常關鍵。如果想徹底了解孩子是甚麼體質，可以在這時期仔細觀察孩子對各種食物的反應。

離乳食是促進大腦發育的第一步

我給我家大兒子餵的是中國的典型離乳食，像粥、魚蓉、肉碎、蔬菜等。二兒子出生的時候，我正在美國的史丹福大學博士課程留學，所以給他吃了不少市面上銷售的嬰兒食品、乳酪、水果等，屬於比較美國式的離乳食。不知道是不是因為這樣，二兒子很喜歡吃乳酪和水果。

我從美國回國時，二兒子已經兩歲。

我發覺吃中式離乳食的大兒子的味覺比二兒子的敏感。於是我趕緊也給二兒子餵了不同味道的食物，希望幫助他的味覺成長。慶幸發覺得早，沒有太大的壞影響。

我家三兒子是在香港出生、日本長大的，所以給他吃日本和中國的離乳食。他的離乳食，應該是三個兒子中最全面化。

大概就是因為給了三個兒子餵各種各樣的食物，鍛煉了他們舌頭的味覺，三個孩子長大成人後，基本上甚麼味道都能接受，能欣賞各式各樣的食品。

不光是口味，從餵孩子離乳食開始，讓他們盡量多吃不一樣的食材，這一點也很重要。因為挑食並不是遺傳引起的，而是通過後天而形成的。

想要養成不挑食的孩子，最好在這段期間時讓孩子習慣吃所有的食材。為了不讓兒子們有任何不愛吃的食物，盡量給他們餵不同種類的食品。多虧如此，雖然我和丈夫都是挺挑食的人，但我們的兒子卻甚麼都能吃。

另外，除了味道不同，給孩子吃口感不同的食物也很重要。軟的、硬的、有嚼勁的、軟糯糯的……口感的變化愈廣愈好。

這樣，能給孩子們的舌頭和大腦帶來刺激，從而增加連接腦細胞的神經元突觸數量，有助於培育孩子快速思考的頭腦。

只要每日每餐給孩子吃不同的食物，就能為他們的成長帶來巨大的幫助，何樂而不為呢？

chapter 5

孩子的無意識時期

Unconscious learning

無意識時期學會的東西不易改變

在我的育兒理念中，孩子成長有三個關鍵年齡，分別為三歲、八歲和十四歲。

其中最重要的是零至三歲時期。

零至三歲時期，孩子學習很多非主動性的事，而且並記不起是如何學習的。例如怎樣學會說話、怎樣學會站起來走路等等，都是無意識學會。

從心理學角度來說，有意識地學會的東西，是可以被改變的。「因為我是這樣學會的，那如果要改善的話，可以這樣做。」比較容易主動的去做調整。

但是，「無意識」學會的東西要調整就不容易了。因為記不起學習的過程，要改善的時候就較困難。

如果不借助專家的力量，是很難辦到。

想要矯正的話，需要接受「治療」，進入無意識的思想領域去改變習慣，是需要花費很多時間的。

所以在孩子零至三歲時期，要小心留意孩子在無意識之中學會的東西。
希望孩子們在那段時期學會的事情都是正確的、正面的。
因為若果學會了壞習慣，或得到了可怕的記憶和不正確的思想，要幫他改過，難度特別高。
零至三歲這段時光，一定要給孩子們美好而有意義的每一天。

要讓孩子笑着渡過零至三歲

開心的事情、相信他人、愛、信賴、笑臉、好的語言、動聽的音樂、美麗的風景、美味的食物……
如果孩子們有過許多正面的經驗，他們的無意識層面就會把思考方式導向好的一面。
被虐待、獨自哭泣、可怕的回憶、寂寞的日子、悲傷的事情……
如果經歷了太多負面的事情，孩子心裏就會留下巨大的陰影。
如果父母在孩子零至三歲的期間，覺得反正孩子還不懂事，隨意的打孩子，或常常罵他的話，將來總有一天，它們都會變成壞的影響在孩子身上顯現出來。

如果夫妻倆一直吵架，總是很暴躁的話，這樣的印象，孩子也會記在心裏，影響他的心理和對人的態度。

被迫獨自睡覺，被照顧自己的人忽略，這些可怕記憶，也會影響孩子的自我肯定力。

這段時期，有些家庭會把孩子放到別處託管，例如托兒所、幼稚園，或請保姆照顧。

請盡量把孩子委託給心地溫柔的人或者送到氣氛活躍的地方。

父母要注意，不要讓孩子在離開你們身邊的時候被灌輸威脅、暴力、欺凌、膽怯、孤獨等負面情緒。

家長應該要讓孩子在這段時期盡可能地生活在快樂的環境中。

無意識時期，讓孩子品嘗到各種不同的味道

孩子在零至三歲記得的味道，以及吃東西時體會到的喜悅，將會影響孩子對食物的喜好。

經歷過饑餓的孩子，長大後有可能過量進食，而飲食不均衡的孩子，容易變得挑食、偏食或肥胖。

因此，在孩子無意識的時期，各位家長要注意孩子的飲食，為他們撒下正面的種子。

中國有一句俗語「三歲定八十」。

這是來自祖先的智慧，但最近反而得到了育兒專家的認同。

讓我們在這段重要的時期，給孩子的心裏和頭腦中填滿能供他們一生回味的美好回憶吧！

和孩子們在一起的時光，是最美好的時光。

chapter 6

八歲開始頭腦區分，十四歲變得獨一無二

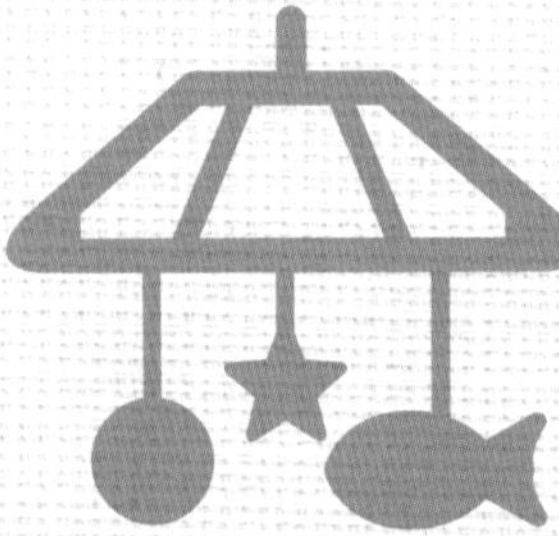

Pruning of synapses makes your child unique

如何大量增加神經元突觸

出生時，每一個人大腦中的細胞數量，差不多是一樣的。

那麼，每個人的大腦為甚麼都不一樣呢？

這是因為，腦子裏傳遞資訊的神經元突觸的數量不一樣。

一個人產生最多神經元突觸的時期，是出生後直到三歲為止的這段時間。

神經元突觸就像在大腦中架設起來了許多條高速公路一樣，架設得愈複雜，大腦轉速愈快。

三歲之前盡量多讓孩子接觸新鮮事物，通過刺激大腦，可以使神經元突觸數量增多。

神經元突觸在三歲以後也會繼續增加，但是在孩子八歲之後，不多用的神經元突觸就會被切斷。

當然，成長速度是因人而異的，但一般來說，孩子在八歲至十四歲左右，對於事物的好惡、擅長與否等特質開始明顯的定型。

例如孩子喜不喜歡畫畫，或者音樂、運動等等，都是基於他是否多利用突觸多與少有關。沒有機會用到的突觸會自然消滅。

因此在孩子八歲以前，家長要盡可能給他們多提供不同的體驗，增加究觸，讓他們有更多的選擇，孩子才能找到最適合自己的方向。

孩子十四歲以後，大腦基本上就已經形成獨一無二的形狀了，他有了世界上只此一個的大腦。

也就是說，基本趣向、習慣、癖好、思考方式都差不多定型了。之後，人生不發生歸零重啟的重大事件的話，大腦的構造不會有大變化。

因為十四歲開始，孩子的本質不會有大改變，所以育兒的關鍵期，就是零至十四歲為止的期間。

育兒也好，飲食教育也好，十四歲為止是關鍵

古時候，十四歲就算是成人。

人到十四歲正是青春期，生理上已可以做爸爸、媽媽，有生兒育女的條件。

自然界上來說，是要離開父母、長大獨立的時期。

處於青春期的孩子因為受到荷爾蒙激素變化的影響，有時會表現得很叛逆。

孩子會變得討厭父母，而父母招架不住，就會向孩子喊話讓他們離開家庭。

這種情況在動物世界中叫「離巢時期」。在過去，人也是長到十四歲就要開始獨立的。

如今，父母和孩子住在一起的時間比以前長了很多。普遍到高中畢業都住在家裏，有些大學生也和父母同住。但十四歲是孩子身體和腦袋轉變為成人的時期，這一點不可以忽略。

所以希望大家能在十四歲這個轉捩點之前，把孩子培養成能夠積極思考的人。

要有踏實的自我肯定能力，能區別善惡，積極向上，對人生充滿希望。

為此，食物便是育兒過程中一個可靠的幫手。如果好好進行飲食教育，能有助孩子向良好方向發展。

為三兒子做的獅子蛋糕。

chapter 7

了解孩子的體質

First get to know your child's type

仔細觀察孩子，分辨孩子的體質

「應該給我家孩子吃甚麼好呢？」

因為每個孩子都不一樣，所以答案也各不相同。

首先家長需要辨認出孩子是甚麼「體質」。

是容易怕冷（寒性），還是總感覺很熱（熱性）？

體質虛弱（虛性），還是營養過剩（實性）？

容易乾燥（燥性），還是容易浮腫（濕性）？

細心觀察自己孩子有以上哪些特徵，就能辨認出孩子是哪種體質了。

譬如我是寒、虛、燥，二兒子跟我一樣；大兒子和爸爸一樣，是熱、實、濕，而三兒子是熱、實、燥。所以每個人適宜吃的東西都不一樣。

隨着孩子的體質來供給食物，使孩子的身體狀況保持平衡、正常，幫助孩子保持最佳狀態。

寒性

寒性體質的孩子要吃能溫熱身體的食物。

如果是吃蔬菜，要以根菜類為主，少吃瓜類。

少喝冷的，多喝熱的。

紅肉魚和肉類也可以溫補身體。

做菜時，放入生薑、葱、大蒜等能從身體內部溫熱起來的食材，效果很好。

熱性

相反，如果是熱性體質，就要吃青菜、瓜類、沙律等，把體內的熱氣排出去。

虛性

父母想多給體質虛弱的孩子吃些營養價值高的食物。

給他們提供少量攝取即可獲得較多營養的食物，譬如雞蛋、牛奶、肉類、豬肝等等。

實性

反過來，如果是營養過剩的體質，就要注意飲食清淡。少吃肉，多吃魚；少攝入碳水化合物，多吃蔬菜；太甜的、太油膩的也盡量避開。保持血管韌性和順暢的血液循環非常重要。

燥性

容易乾燥的孩子就要多吃保持身體滋潤的食物。譬如一些質地滑嫩、有黏性的食物，以及膠原蛋白豐富的食物也有功效。否則會容易得感冒，皮膚也容易過敏。

濕性

容易水腫的孩子，則要多吃具有利尿作用的食物。
像紅蘿蔔、青瓜、西瓜和苦瓜等，都是不錯的選擇。

以「五色五味五法」規則，豐富餐桌上的食物

對處於成長發育期的孩子，必須攝取充分的營養。
要根據體質情況，給予孩子足夠且多方面的食品。
想要讓孩子飲食均衡，最有效的辦法就是增加食材的種類。
日本政府建議人們每天吃三十種食物，不容易做得到但也是值得參考的規則。
我一直遵守的，是中國的「五色、五味、五法」的規則。
五色是指食材的顏色：紅、黃、白、黑、青。
五味是指食材的味道：苦、甜、辣、鹹、酸。
五法是指烹調的方法：生、蒸、炸、煮、烤。

如果每天都遵守這個規則，食物種類自然就會增加，也能豐富每日的菜餚。習慣之後會發現，其實要做到並不困難。

要達到「五法」來做菜比較困難，但是「五色五味」是十分簡單就能做到的。遵守五色五味的原則，能保護人體的五臟功能——五臟指心、肺、脾（主管消化功能）、肝、腎。

五臟健全，身體就會得到健康的循環，每天都元氣滿滿。

也許有些父母無法做得到。

沒關係，只要在腦中有這個概念，那麼當你挑選食物的時候，就會下意識想起來。

「要多吃不同顏色、味道的食物。」

「要為孩子的身體保暖！」

「要給孩子吃些清淡的東西！」

不知不覺中，能擴展食物攝取的品種。

的確，實行了這個規則之後，我家食桌上的食物種類豐富了很多。孩子的身體狀況也變得越來越好，生病的次數也減少很多。

只要孩子們健健康康、開開心心的，養育孩子也會變得輕鬆多了。

食材顏色的含義與食材的分類

五色	青（木性）	紅（火性）
五臟	肝	心
	掌管西醫中肝臟的功能，也與情緒、自律神經有關。	不僅指心臟，也與血液、血管整體的健康狀況有關，同時也支持着大腦的運轉。
熱（陽性）	● 醋 ● 韭菜	● 肝 ● 花生 ● 辣椒
平（中性）	● 小棠菜 ● 芫茜 ● 枸杞	● 枸杞 ● 菊花 ● 棗子
寒（陰性）	● 茄子 ● 苦瓜	● 紅豆 ● 西瓜

黃（土性）	白（金性）	黑（水性）
脾	肺	腎
不僅指脾臟，也是指從口部到大腸的所有消化器官，乃能量之源。	除了主管肺部、支氣管等調節呼吸的功能，也與皮膚、免疫功能有關。	除了承擔與腎臟相同的代謝水分的功能之外，也與生長發育、生殖等功能相關。
● 雞肉 ● 蓮藕 ● 栗子	● 大蒜 ● 葱 ● 生薑	● 黑芝麻 ● 核桃 ● 洋李
● 番薯 ● 大米 ● 粟米	● 白菜 ● 大豆芽 ● 雪耳	● 乾鮑魚 ● 黑豆 ● 墨魚
● 冬瓜 ● 小麥 ● 柑橘	● 蕪菁（大頭菜） ● 豆腐 ● 白蘿蔔	● 蜆貝 ● 蛤仔 ● 紫菜

chapter 8

究竟給孩子吃甚麼東西好呢？

What to eat?

有意識地攝入基本營養元素

每天都有專家在電視或報紙上發表有關營養方面的意見。昨天才告訴大家不要吃的東西，今天突然又聽到「還是應該多吃一點」的說法。

一直相信某種食物應多吃一些的，但又突然聽別人說「少吃為妙」。

在如今這樣一個資訊繁雜的社會中，判斷給自己孩子吃甚麼、不吃甚麼，是件非常困難的事情。

基本營養元素有蛋白質、碳水化合物、脂肪、鈣質、鐵質、纖維、葉酸、維他命A、B、C、D、E等等，應該多攝取含有這些營養元素的食物。

蛋白質能製造體內細胞，增強抵抗力，將食物轉化為能量，增長肌肉，增加體內氧含量。

這幾年來，社會上都宣傳碳水化合物要吃少一點為好，但實際上，它對孩子來說是重要的能量之源。當然，吃得太多就會發胖，但為了生活健康，適當攝取還是必要的。另外，碳水化合物還能幫助蛋白質和脂肪在體內製造細胞和形成肌肉，成長期的孩子需要有適量的補充。
想要身體皮膚光滑，脂肪非常重要。脂肪還能促進其他營養元素在人體內順利發揮作用。遇到緊急情況，也能成為身體的能量之源。
鈣質對於骨骼和牙齒的生長不可或缺。而且，它與神經、肌肉、心臟的運作也有很大關係。
鐵質是製造血液的必需成分，能夠幫助血液將氧和營養成分運送到身體的各個角落。
葉酸對於細胞生長也是必需的。葉酸不足，將導致貧血。
纖維有助於腸道蠕動，也為預防心臟病和癌症起到重要作用。
維他命A對眼睛、黏膜和皮膚都很好，也能有效預防傳染病。
維他命C能強護血管，促進傷口癒合，也有助於骨骼和牙齒的生長。另外，它還能預防感冒。
一方面要注意孩子是哪種體質，另一方面，希望家長們盡量把富含這些營養元素的食材融入一日三餐之中。

補充維他命的「番茄雞蛋湯」（第190頁）

chapter 9

甚麼東西不能給孩子吃呢？

What not to eat?

阻礙孩子成長的食品，盡量少吃

有許多食物盡量少吃。

太甜的、太油的、有人工添加物的、受到環境污染的等等都不宜給孩子食用，雖然偶爾吃一點沒關係，但要是經常吃的話，會給孩子的成長帶來阻礙。

不讓孩子喝甜的汽水

從小我不給孩子們喝甜的汽水。

這是因為甜的汽水含有太多糖分。

一瓶甜的汽水，大約包含了十二茶匙的砂糖量。

如果在一杯紅茶裏放十二茶匙砂糖，會覺得太甜而喝不下去吧？

但如果是冰冷的汽水，口感上就會覺得甜度剛好。

一個人一天之中應攝取的熱量是有限的。

如果喝了甜的汽水，就等於是浪費了攝取其他食物的熱量。同樣的熱量，倒不如讓孩子多吃一碗米飯或者一碟小菜，比汽水對孩子的身體絕對地好。

最近市面上許多甜的汽水都使用玉米糖漿（從玉米中提取的糖漿）。由於玉米糖漿容易吸收，血糖值立即就會上升。

小孩子喝了汽水後，因為血糖提高，會突然變得心情興奮。大腦裏分泌出「多巴胺」，令他產生開心的感覺。

孩子變得興奮，精力異常旺盛，停不下來，跑來跑去、激動，說話時聲音大，吵吵鬧鬧，不能自控。

但是，因為玉米糖漿會被人體迅速吸收，沒過多久，用完力量後孩子就會感到筋疲力盡。

接着，大腦就會發出想要再次得到興奮的訊號。孩子想繼續玩鬧，於是就會想再喝一杯甜汽水。

若你不給他喝，他就會變得十分煩躁，暴跳如雷，哭鬧不止。

要是父母誤以為只要給孩子汽水，孩子就會安靜，再給他喝的話，孩子的身體就會變得依賴砂糖帶來的興奮感。

而且知道只要撒嬌，就能如願以償。這樣一會兒興奮，一會兒低落，會養成孩子情緒不穩定的性格。

父母會覺得自己孩子非常難管。

說哭就哭，說鬧就鬧，不聽話，難管教。

而且，因為大腦會記住快樂的感覺，所以孩子一看到飲料瓶子，馬上又會很想喝，又會開始向成人拼命撒嬌。

這樣的事情循環下去，還會造成孩子的性格問題，如失去自制力、注意力不集中、亂發脾氣等。

其他家長可能會不願意讓自己孩子和你的孩子一起玩耍。

老師也覺得他不聽話，不尊重規則，孩子就會被視為一個「不好相處」的人。

最差搭配

有許多孩子在喝甜的汽水時，會想吃鹹的零食。

這兩樣是最差的配搭。

油炸的鹹味零食本身就對身體沒好處。如果吃了很鹹的點心，就會變得更想喝甜的飲料，這麼一來，陷入惡性循環。攝取過量卡路里會導致肥胖問題，從而容易得糖尿病。成年後也會增加患成人病的風險。

所以不要養成給孩子喝甜汽水的習慣，這對他的身體、性格和學習能力都會有負面的影響。

向孩子解釋「為甚麼不可以喝甜的汽水」

有些家長會說：「父母又不能二十四小時一直監視孩子，要是他自己去買了喝，怎麼辦呢？」

做父母的不是要監視孩子，是要教育他們，所以最重要的就是要好好向孩子解釋「為甚麼不可以喝甜的汽水」。

我家兒子小的時候，我一直反覆跟他們解釋甜的汽水對身體有害的原因。因為年紀尚小，我其實不知道他們是否明白。

有一天，媽媽朋友一臉驚訝地對我說：

「我在自動販賣機前跟你家和平（我的大兒子）和昇平（我的二兒子）說要

給他們買果汁或可樂，結果他們兩個和我說喝水就行了。他們真的不喝果汁和可樂的嗎？」

我回答她：「他們不怎麼喝甜的飲料的。」

但是，聽說這件事的時候，我非常開心。因為我的孩子在我不在他們身邊的時候，也做出了明智的選擇，表示他們了解到為甚麼不要喝甜汽水的理由。這真的很棒。

前不久我和已經長大成人的兒子們見面時，聊到了這個話題。

他們對我說，「小時候我們都理解了媽媽說的話，所以也沒覺得想喝甜飲料。其實現在我們也不怎麼喝甜的。」聽到他們這麼說，我更加高興了。

在我家，雪櫃裏不放甜汽水。

只放大麥茶、水、牛奶等等。

當我去美國看望大兒子，打開他家的雪櫃，果然，一瓶甜的汽水都沒有。

看來，小時候我那麼努力教他們，沒有白費苦心。

各位爸爸媽媽，從小可以幫助孩子理解和建立好習慣，請加油！

不是不吃甜的點心

雖然我家孩子不喝甜汽水，不表示我禁止他們吃所有甜的東西。

因為吃小點心是童年時期的一大樂趣。

只要確定好給孩子吃的份量，就不會有甚麼大問題了。

我經常會給孩子們做各種蛋糕、餡餅、曲奇餅等，也會給他們吃雪糕和朱古力。

比起汽水，這些食物的營養價值要高得多。

這些食物中有雞蛋、牛奶、可可等有益營養素，只要不吃太多，不是問題。

不要給孩子吃有化學添加物的食物

考慮到孩子的健康，要避免讓他們吃含有食品添加物的食物。

例如即食麵。

即食麵裏含有很多食品添加物。添加物中有對身體有害的成分，要特別小心。

而且麵條大多是油炸過的，脂肪和卡路里都非常高。

而且即食麵味道很濃，因為添加了大量鹽分。

又因為利用化學調味料和味精做的味道不錯，所以吃起來好像感覺到特別好吃。

這種過度「濃味」的食物，孩子如果習慣了這個濃味道，就會感到其他食物食之乏味。

甜味、鮮味、蔬菜裏微妙的苦甜滋味……都嘗不出來了。

他們的味覺會被這些即食品麻痹，失去纖細的察覺功能。

如果想要讓孩子們能懂得欣賞各種美食，就應該避免讓他們吃味道太濃、卡路里太高的即食食物。

這些食物對於身心不會帶來任何好的影響。

孩子們小時候，我已和他們說清楚即食食品添加物的問題，所以他們平時不吃即食麵，也完全不會有特別想去吃的念頭。

記得有一次，在泰國的機場，肚子餓了，沒有餐廳，爸爸買來了日本牌子的即食麵。
孩子們興致勃勃地吃起來，說了句：「真好吃！」
我有點慌了！要是他們愛上了這個味道的話，如何是好？
我對他們說：「吃完是不是覺得喉嚨很乾呀？那是因為即食麵裏加了味精和食品添加物，會令人口乾呢！味道有點濃，好像吃化學品一樣啊！」
孩子們立即覺察到自己身體的反應，說道：「真的！我喉嚨好乾！」馬上要喝水。
在喝了很多水之後，他們主動對我說：「剛才嘴巴裏一直有些不自然的味道，喝水之後終於消失了。」
孩子們的味覺是很敏感的。
想要保護這種敏銳的味覺，最好就要避免給他們吃食品添加物多的食物。

活用食材原本的味道來做料理

事實上，不光是即食麵，任何即食食品我們家都是不吃的。
我會盡量使用新鮮有機的食材，親手做料理給孩子們吃。

我的努力終於沒有白費，現在我的三個兒子比我都更了解關於食材的知識。他們現在不但不會吃即食食物，還不怎麼到外面吃飯，一般都在家裏自己做飯。

特別是我家大兒子，他會到農貿市場買材料，支持地方農業，然後和妻子一起自製食物。

譬如果醬、雪糕、煙燻三文魚、麵包等等，都是自家製！

他們倆，比我厲害多了。真是青出於藍而勝於藍。

戒口

想要守護孩子的健康，當他們生病時，還要節制他們的飲食。

想要讓孩子盡快痊癒的話，根據病情，有些東西最好不要吃。

這就是所謂「戒口」。

中國人生了病不光會吃藥，還有規定不吃某樣食物的治療方法。

譬如說，咳嗽的時候，不吃柑橘類；感冒的時候，不吃冷的；有炎症的時候，不吃雞蛋，諸如此類。

停止吃某樣東西後，病真的會快點痊癒。

時令的產地訂購食材，也是飲食教育的一部分

實際上，孩子們還很小的時候，我家的食材一直是從產地直接訂購的。我參加了聯購的集團，他們每星期會把食材送到我家。在挑選食物的訂購單上，能看到蔬菜生產者的介紹，又能買到沒有食品添加物的食物和新鮮的魚和肉。

能買到可以放心食用的食品，真的很難得。

每個星期，我會和孩子一起一邊看着訂購單，一邊勾選下次想要訂購的食材。

這樣孩子們能了解有哪些應季的蔬菜和水果。

「現在是秋天，這週開始有葡萄了吧。」「西瓜出來了！夏天到啦！」北海道的芝士著名，鹿兒島的番薯很好吃，櫻桃要買山形的……等等。對於孩子來說，那是特別好的學習機會。

而且，孩子還能學習到各種季節傳統活動的知識。

到了女兒節，訂購單上就會有號召大家做壽司的特輯；端午節臨近了，會有糉子出售，中秋節時會有中秋點心。孩子們能從這些資訊學習飲食文化。

從環境激素角度，思考如何選擇牛奶

「環境激素」(endocrine disrupter) 的問題是環境污染的嚴重課題。「環境激素」（內分泌干擾物）若進入人體後，會干擾生產能力的荷爾蒙。

這也是我不讓孩子吃即食麵的其中一個原因。在含有大量油分的塑膠容器裏加入熱水，容器裏就會釋放出環境激素。

這樣的話，男性的雄性激素就會降低。

研究指出，「環境激素」會引致男性女性化。

部分日本的二十多歲男性比四十多歲男性的精子數量少。

五六十歲男性的精子數量最多。

這是因為這個年齡層的人，生活的時代裏並沒有攝入許多含有「環境激素」的食物。

甚麼食物內含有「環境激素」呢？

「環境激素」是當塑膠被加熱時產生的。

根據日本調查，牛奶、茶、用塑膠容器的即食麵、在垃圾焚化爐附近的農產品、近海的水產等等都含有「環境激素」。茶、農產品、水產都可以選擇比較安全的產地，但其中，我覺得特別困擾的是牛奶。

空氣中的環境激素污染牧草，牛吃了草，擠出來的牛奶就會含有「環境激素」。

然而，因為「環境激素」是油性的，一旦進入動物的身體，就很難被排出來，被貯藏在動物的脂肪裏，唯一可以排出身體的路徑就是乳汁。人類的話就是母乳，牛的話就是牛乳。所以吃了受污染牧草的牛所出產的牛奶，會含有「環境激素」。

日本國家並沒有義務去檢查牛奶有沒有含環境激素的法律，所以沒有辦法判斷甚麼牛奶比較安全。

聽從專家們的建議，我會採取購買全國各地各種品牌的牛奶。

希望不常喝同一種牛奶的方法，多少能減少攝取環境激素的風險。

雖然這做法並不是最理想，但也是守護孩子健康的唯一方法。

你會問，這是不是太過謹慎了？為了孩子的健康，沒有事情是太謹慎的，但一定要用有信用和科學根據的知識，來作決定，不可誤信閒言。

孩子們的料理

麵包和煙肉都是大兒子和媳婦自家製

chapter 10

豐富飲食，刺激大腦

New food experiences can stimulate the brain

把平日的早餐變成「刺激頭腦的早餐」

食物，能夠提高基本的腦功能。

給孩子提供豐富多變的菜式，可以刺激他們的頭腦，增加頭腦中的神經元突觸數量。

神經元突觸越多，腦力愈強，基本的腦功能會提高。

為了增加孩子們的神經元突觸，每天我都為他們的三餐提供會令他們驚喜的全新體驗。

譬如早餐，每天我都努力給孩子們做不一樣的。

哪怕是雞蛋料理，我也會盡量變着花樣來做。譬如荷包蛋、牛奶炒蛋（scramble egg）、水煮蛋、雞蛋三文治、生蛋拌飯、雞蛋雜燴粥等。

碳水化合物食物也會去做不同的變化，如粥、烏冬、拉麵、麵包、薄餅、意大利粉、炒麵、鬆餅等。

湯汁類的菜會有味噌湯、中式湯、西式湯等。

總而言之，為了不讓孩子們感到平淡枯燥，盡量讓他們每天看到新菜式。為了要他們看到早餐都會發出「哇～一定好好吃啊！」的感歎，我費了不少工夫。

有人可能會說，「我可做不到呢？大多工夫了！」

其實只要習慣了，誰都能做到。

但如果不能改變每日的菜譜，也可以試試改變用餐的地方。

今天在飯廳吃，明天在露台吃，後天在客廳吃……

光是改變一下用餐時的座位，也能刺激頭腦。

另外，還可以打開一下窗戶、放放音樂、改換餐具、換種飲品。這些小小的改變，都會帶來新鮮的體驗。

所有的努力，都是為了增加神經元突觸數量，為孩子堵加「腦力」。

有老師跟我說，越來越多的孩子早上不吃早餐，我覺得不管怎樣，都應該讓孩子吃早餐。

處於生長發育期的身體，一晚上沒吃東西，需要在第二天早上進行補給。

到學校上課，身體、頭腦都得全速運轉。小孩子所需的能量比成人還要多。

而且這段期間，他們的身體一直在成長發育，需要多種多樣的營養元素。如果營養補給不足，身體某些功能就會持續下降。孩子會容易疲倦、缺乏注意力、不愛運動、做事慢手慢腳……身體不能正常運作。

所以，家長每天早上想盡各種辦法讓孩子吃早餐，這是很重要的一個任務。對吃東西提不起興趣或感覺吃東西是件苦差事的孩子，可以說在各方面都會不利。父母要幫孩子養成好的飲食習慣，能開開心心進食，不要讓他們的成長失速。

chapter 11

通過便當，傳達母愛

Express your love through box lunches

十 製作會令孩子興奮期待的便當

便當是一種親子之間無聲的交流方式。
便當盒裏裝着的不單是餸菜，也是父母對孩子的愛。
孩子看到父母給自己做的便當，美味享用，必能感受到父母的愛。
父母不在身邊的時候，便當就是以食物來維繫親子感情的好辦法。
所以，我一直很喜歡為孩子做便當。

兒子們從幼稚園開始到初中畢業為止，我都為他們做便當。
我做便當的經驗，算起來已經持續了近二十年。
因為我是職業媽媽，早上會非常忙碌。
但即使如此，我也盡量每天給孩子做便當時和變換菜式。
因為多點轉變，能刺激孩子的頭腦發育。
但是比這更重要的是，我希望孩子每天都會非常興奮地打開便當盒。

偶爾來點小驚喜，讓吃飯成為開心事

炸雞塊、炸蝦、海苔便當、魚肉鬆拌飯等，都是孩子們喜歡的便當配菜，所以我經常都會做。

但有時候我會變變花樣，譬如「茶泡飯便當」。

茶泡飯是一種日本家常料理，但一般不會出現在便當中！

我的做法是在便當盒裏放入米飯、烤香了的三文魚肉碎、煎餅碎、芝麻、海苔等，然後在暖水壺裏放熱茶。

兒子在學校吃午飯時，只要把米飯放在水壺蓋子裏，把配菜放在飯上，然後倒茶水入蓋子裏便成。然後，他們就可以熱騰騰的盡情享用茶泡飯！

這便當很受兒子們歡迎。兒子的朋友們都覺得很有趣，兒子吃到溫熱的米飯也覺得很開心。

他們經常收到朋友們希望交換便當的請求呢。

另外，「薄餅便當」也是我成功的便當之一。

將小麥粉溶於水中，做成粉糊，然後薄薄地烤成薄餅。將三、四張做好的薄餅放到便當盒裏，旁邊放用忌廉芝士、蘑菇和雞肉煮好的配菜。

兒子們在學校吃午飯的時候，把配菜放入薄餅裏，捲起來吃。

這也是得到孩子們好評如潮的便當。

有時候我會換一下配菜，為他們轉轉口味。

有很多媽媽朋友跟我學習做這個便當。學校裏曾一度掀起了薄餅便當熱潮呢！

不光是配料小菜，為了不讓孩子吃厭同一種主食，我也會在主食方面進行各種各樣的變化。譬如白飯換成飯糰、炒飯、蕎麥麵、炒麵、肉包子等。

另外，我還會在便當盒之外給孩子們加一個小盒子，裏面放入甜點。

如孩子喜歡吃的水果、我自製的點心等。

每天都給他們一些小驚喜！

為了讓孩子們對每日享用便當的時光感到興奮期待，並且通過便當感受到媽媽的愛，我樂於加油。

孩子放學回來，看到他們把飯菜吃光了的便當盒，就是對我最大的讚美。

小息時間的小吃

午餐時間之前，學校在十點半有一次休息時間。

孩子在學校的朋友們有許多人都是帶街上買的零食，但我盡可能給孩子自製一些小點心。

像曲奇餅、蛋糕之類的，還有番薯、粟米、芝士或堅果。

這些點心既健康，又能為孩子提供能量來源。

有時候我還會寫幾句留言。

例如「馬上就要到午餐時間咯！」、「今天有沒有甚麼好事發生呀？」一些特殊的日子，我會寫「生日快樂！」、「今天是中秋節，記得吃月餅哦！」等等。

遇上季節性節日，我會準備符合節日風俗、氣氛的食物。

偶爾也會多給他們一些點心，讓孩子可以和學校的朋友們一同分享。

每年到了感恩節，同學們還會非常期待我自製的南瓜批。

每年都會多做幾個，讓孩子們帶給同學吃。兒子們時常會回家，滿面笑容地對我說：「媽媽，老師說多謝。」、「媽媽，朋友說多謝。」

兒子們畢業後，他們的朋友還會來我家作客，目的就是來吃我做的南瓜批！食物的魅力真的不可低估。

有益頭腦健康的「橙香四溢小點心：橙皮朱古力」（見194頁）

chapter 12

晚餐時間，一天當中最幸福的時光

Dinner time,
the best time
of the day

吃晚餐是我家的重要活動

我的工作性質比較廣泛，歌手、藝人、作家等，所以工作量和工作時間每天都不一樣。

我的工作態度十分認真。

交給我的工作我會努力去完成，這是我的基本信念。

但是，我的孩子還小的時候，我盡量不會安排晚上的工作。

每天的目標是能在晚上六時前回到家裏，為家人做晚飯，好讓一家人能圍坐在餐桌上一起吃飯。

因為我希望晚餐是一天當中家人覺得最幸福的時間。

因為我知道家人每天都會餓着肚子等着我回家。

所以我會用飛快的速度做晚餐。

我家的電飯煲很舊，但品質很好，現在我還在用。

這個電飯煲是我從公司宿舍搬出來，開始獨自生活的時候，司機師傅把他自己用的讓給我的。

大概有四十多年歷史了吧！

這個電飯煲雖然沒甚麼特別的功能，但是只需要十五分鐘，就可以把飯煮好。

那十五分鐘，就是我做菜的時間。

沒太多時間做菜？沒問題

在我家，是按用餐人數來決定菜餚數量，然後配個湯。

如果有五個人吃飯的話，就是五菜一湯。

因為要省時間，做菜時，家裏四個煤氣爐全用上，還會出動焗爐。

時間不多的話，我會以炒菜為主，孩子們和丈夫也會來幫我。

如果時間充裕的話，我就會做燉菜、蒸魚、餃子、春卷、有味飯以及其他要花些工夫的菜，讓大家高興。

每次快做好的時候，我就會喊一聲：「開飯咯！」

這時候，大家就會關掉電視機，或者停下手頭的事情，聚集到一起準備好餐桌。

如果有大家喜歡的菜餚上桌時，孩子們發出一片歡呼聲，很溫馨的。媽媽坐下後，向大家來句「吃飯吧！」就開始吃飯。

慢慢吃飯，一定團聚

我家的晚餐時間，每天都會特別長。吃飯時我們會一直聊天，比如聊聊看過的書，或者親戚的話題、自己的煩惱，一個接一個地說下去。

吃完晚餐後，大家一起吃點心和水果。或喝茶、喝咖啡。

有時還會接着吃點堅果、朱古力或者芝士。爸爸會喝酒，我會拿出一點下酒菜。

這麼一來，家裏的晚餐時間自然就越來越長了。短的時候大約二句鐘，長的時候可以坐上四、五個鐘頭，但有說不完的話，吃不完的東西。

孩子們從中學會與人交談的方式和感受到家庭的溫暖。
如今兒子們長大成人了，但是我們每次只要聚在一起吃飯，不到晚上十一點，一般都不會離開餐桌，因為有聊不完的話題。
一天當中最幸福的就是和家人一起渡過的時間。也是最難得、最奢侈的時間。
衡量人生是否幸福，有各種各樣的標準。
對我來說，和家人在一起吃晚餐，是人生中感到最幸福的時光。

家務「全員出動」，理所當然

在我家，所有家務都是全家人一起幹的。
燒飯、做菜、吃完收拾，清潔、整理、洗衣服……都是大家共同的任務。
我們沒有「分工合作」的規矩，誰有時間便誰做。
家是大家的，每一個人都有責任。誰做了家務，就得好好多謝他。
好像我做了菜時，大家都會多謝我。
如果爸爸做了菜，大家會向爸爸表示感謝。

孩子收拾衣服，大家也會多謝他。

我家就是採取這樣的教育方法。

家務也好，做菜也好，基本上所有人都要參與。因為大家一起做，效率高，做家務時間不長，多點機會聊天、休息和做作業等等。從小兒子們習慣了做家務，現在長大了，做家務、做飯都不會覺得麻煩。這是從小可以鍛煉的好習慣。

吃飯時不看電視

在我家，吃飯時絕對不會看電視。

也不會聽音樂或廣播。也不看手機，不看書、報紙或漫畫。

首先是希望孩子們留意自己正在吃甚麼，也好好細賞菜餚，和對做菜的人表示感謝和尊重。

另外，我想要清楚地聽到全家人的聲音，一起說話，一同歡笑。

聞着菜餚的香味，聽着大家吃飯時發出的聲音。這就是家人們共奏的一曲和聲。

互相溝通交談是最棒的娛樂活動。
使圍坐在餐桌旁的時光變得有趣、快樂，是所有家庭成員的責任。
餐桌是一家團圓的最佳場所。
孩子們爭着說話，互相謙讓碟子上的最後一片肉，笑到前俯後仰，甚至還從椅子上摔下來過。
我希望孩子們以後組建自己的家庭時，也能維持我家禁止單獨吃飯、不看電視的規矩。

chapter 13

絕對不要讓孩子單獨吃飯

Don't let your child eat alone

不讓孩子一個人吃飯的理由

吃飯不單是為了填飽肚子，儲蓄能量，維持身體發育，也是培養孩子社會情感成長的活動。

所以，我在孩子們的生長發育期是不讓孩子單獨吃飯的。

一方面是覺得不想他們寂寞，又覺得一起吃飯可以加深家人間關係、增強幸福感，但除此以外，其實還有更多理由。

理由之一，是為了清楚了解家人的身心狀態。

「今天你話很少，怎麼了？」、「今天都沒怎麼吃，發生甚麼事了嗎？」和孩子一同吃飯時，能觀察到孩子的舉止是否和平常有甚麼不同，並追究原因，早些發現問題。

這樣就不會因為處理得太晚，可把小事化無。

譬如，發現孩子開始有感冒跡象，就早點給他吃藥。

發覺孩子似乎沒睡夠的樣子，就讓他早點上床睡覺。

如果孩子有煩惱，全家人可以一起商量。

孩子出現不安情緒，大家一同給予鼓勵。
共同用餐的時間，是家長一天當中了解把握孩子狀態的好時機。

家人團坐一團的餐桌，是獨一無二的學習場所

另外一個理由，是因為孩子們在餐桌上能學到很多東西。可以培養孩子的「聆聽能力」、「理解能力」、「思考能力」、「總結意見的能力」和「發表意見的能力」。

所以我從孩子們小時候開始，就一直讓他們和我們成人同桌吃飯。有些家庭讓成人和小朋友分桌進餐，這是可惜的，因為孩子們會失去學習的好機會。

當孩子和成人一起吃飯時，可教導孩子們聽別人說話，理解並消化說話的內容後，形成自己的意見，然後把意見表達出來。

無論聊到甚麼樣的話題，我都會時不時突然地問孩子一句：「你們怎麼想？」一開始時，他們確實會答不上來，但慢慢地，孩子們因為不知道甚麼時候會問到自己，於是就會開始好好聽別人講話，理解後，思考自己的意見，被問

到的時間，發表出來。
自自然然，他們就會按照場合，學會如何說話行事。
在學業上，這個習慣有很大幫助。
課室中，老師就是要求學生們聆聽、理解、總結和發表，能做到這個過程的學生，特別優秀。
餐桌就是一個獨一無二的學堂，是父母可以親自教育孩子們的最佳機會。

單獨吃飯對健康也不利

一個人吃飯，經常會份量吃得比較多。
尤其是開着電視吃飯時，因為注意力分散了，會感覺不到食物的味道和所吃的份量。
這是對身體健康明顯的不利。
所以我不讓孩子們一個人吃飯的。
「大家一起吃飯，飯菜會特別好吃哦！」、「大家一起吃會很開心喲！」
這些話我不停地和孩子們說。

每天吃飯的時候，我會和他們談談正在吃的食物的功用、解釋他們的個人體質。

因為這些知識不是紙上談兵，而是實際正在吃的時候教孩子的，所以給他們的印象十分深刻。

使餐桌氣氛變活躍，孩子也有責任

成人和孩子一同吃飯，還產生了一個令我沒想到的結果。

那就是提高了孩子的領導能力。

平時主要是成人先提供餐桌上的話題。但偶爾爸爸不在家，只有我和孩子們在餐桌上吃飯的時候，三個孩子就會主動提出各自的話題，來把餐桌的氣氛弄好。

孩子不只是被動地加入對話中，而是學會了成為主導角色。

這不是我特別去教導他們，是他們自己自動自覺去做的。

會話交談並不是單向行為，使餐桌氣氛活躍是所有人的責任。而這個道理，他們在不知不覺之間就懂了。

有一次，我的小兒子在兩歲半左右的時候，我和他兩個人一起吃飯。

因為只有我和他，他非常努力地找話題。

指着餐桌後面的花朵說：「媽媽，後面那些花好漂亮呀！」

我接話說：「那是大波斯菊，是秋天開的花哦！」小兒子聽了，但接不上。

又想着必須要拋個新話題出來，兩隻眼睛滴溜溜地轉着。

很可愛的。

我的心在笑，臉在笑，小小的他，着急地在想。

突然，他又開口了：「媽媽，那個杯子好漂亮呀！」

我噗嗤一聲笑了出來。

然後一邊摸摸他的小腦袋，一邊繼續回話：「真的呢，很漂亮呀！」他也一邊點點頭，一邊笑着說：「對吧，我說是吧？」

「媽媽，好好吃呀！」、「媽媽，那幅畫也好好看呀！」他就是這樣，一個接一個地給我提供話題。

看着我家這個還坐在嬰兒高腳椅子裏的小孩子，為了我努力找話題的可愛樣子，我真的很開心。

那時我在想，自己實在太幸福了。

同時也十分佩服他有這份小心思。

我暗暗地想：「這個孩子那麼為人着想，長大了，一定能交到許多朋友。想必會很受歡迎吧！」

媽媽，不要孤獨吃飯

因為我家始終秉持着一定要讓孩子有人陪着一起吃飯的觀念，因此碰到我們夫婦倆晚上不得不出門時，會拜託工作人員或親戚和我家的孩子們一同吃飯。

孩子們也很忠實地遵守了這個規矩。

大兒子和二兒子在美國留學期間，發生了一件難忘的事。

那天，爸爸出門了，仍是初中生的小兒子也被朋友邀請去家裏作客。

所以那晚的晚飯，我得一個人在家吃。

正當我準備要獨自開飯的時候，聽見一聲「我回來了。」小兒子突然回家了。

我吃了一驚，問他：「你怎麼回來了？」

他說：「總不能讓媽媽一個人吃飯吧？所以我回來和您一起吃完晚飯再去朋友家。」

兒子這麼會體恤人、照顧我的心情，當時我都快哭出來了。心中充滿喜悅。

小兒子喝着飲料，陪着我聊了很多話。

我也趕緊把晚飯快點吃完，孩子就興高采烈地再去朋友家了。

我當時在想，怎麼世上會有這麼好的孩子啊？

我為他們做的事，他們反過來為我做了，真感恩，真寶貴。

一邊洗碗，又哭起來了，流下的是感激的眼淚。

給予孩子精神支援的家庭料理

父母早上多忙也好，但總是努力為孩子做便當和早飯。

父母每天都會趕快回到家為孩子做晚飯。

可能你以為孩子並不會關注這些，但其實他們全都看在眼裏。

孩子雖小，但對於你給他的愛，會全心全意的感受得到。隨着他們長大，他們會越來越深刻地懂得父母對自己的愛。

為家人做飯，是最直接的愛的表達。

家庭料理好不好吃，廚藝是否精湛，並不重要。

為人所愛，被人珍視，回家有熱飯吃，孩子們都會記在心中。現在兒子們吃到我做的菜，依然會發出感歎：「啊，感覺好安心。為甚麼會這麼好吃呢？」

家庭料理，就是精神食糧，每逢吃到，都能讓孩子們重溫美好的時光，供給他們安心和幸福的感覺。

「媽媽的味道」「栗子燜雞翼」（見214頁）

chapter 14

學烹飪可提高孩子的學習能力

Cooking increases the child's learning abilities

鍛煉孩子的規劃能力

學烹飪，對提高孩子的學習能力有很大的幫助。
做菜可以鍛煉孩子好幾方面的能力。

為了做菜或點心，首先得買材料。
也就是要運用到規劃能力。
「要做甚麼？」、「要買甚麼？」、「要買多少？」、「在哪裏買？」、「和誰一起去買？」、「甚麼時候去買？」、「要花多少錢？」、「要花多少時間去完成呢？」

只是做一道菜，孩子就要面對這麼多問題。
自己想吃甚麼？問自己這個問題，也就是要面對自己的慾望和要求。
如果有很多想吃的東西，就得從中再謹慎選擇。
決定好吃甚麼之後，為了做出來，就必須思考需要哪些材料。
例如想吃曲奇餅。那麼曲奇餅需要甚麼材料呢？裏面放甚麼東西呢？
通過要解決這些問題，孩子就會意識到一塊小小的餅乾裏，有着很多看不見的材料。

理解社會對人的關係

「在哪裏買？」這個問題，可以幫助孩子理解社會、熟悉地理環境。要去的店在哪裏？那裏有甚麼？是走路去嗎？

「和誰一起去買？」則是讓孩子思考自己與家人及其他人之間的關係。是和媽媽去？還是和爸爸去？這個問題的答案，能夠知道孩子平時最依賴誰。

「甚麼時候去買？」讓孩子思考自己如何渡過一天的時間，又要了解他人的時間表、店鋪營業的時間等等。

「要花多少時間去做完呢？」是要孩子事先掌握做食物的具體方法和所需時間。

光是以上這些問題，就可知道，做食物時孩子其實會面臨許多選擇。

烹飪能讓孩子體會到數學的具體性

烹飪能鍛煉孩子的數學能力。

做菜需要會算術。

因為買東西的時候要算清楚錢。

讓孩子計算購買預算和實際價格，是很好的算術練習。

尤其是做蛋糕、餅乾、餡餅等烘培點心時，一定要按量、按溫、按時去做，如果不按照食譜上的來做，就會發生麵糰發酵不好或者出品太硬等問題，無法順利進行下去。

孩子們在計量材料所需份量時，能學會關於重量單位如克、升等知識。

由於還必須嚴格遵守準確的料理溫度、時間，因此還能鍛煉孩子看懂鐘錶時間，讓他們學會溫度的測量方法。

孩子會感覺到數字是很實用的，而並不只是在學校作業上學的一門課。

另外，把做好的點心進行切分，也會用到算術。

按照人數、餅乾個數平均分配，要怎麼分？

所以，分蛋糕也是道數學題。

製作點心是一件日常生活中實際運用到數字的活動，是最容易學懂的方法。

在用到外國菜餚的菜譜時，也會演變成一場算術課：「安士是甚麼意思？」、「換算成克數就行啦！」、「那該怎麼換算呢？」

在這樣的過程中，孩子原本對於算數的恐懼感會漸漸消失。

鍛煉集中力的開關

烹飪還有可以鍛煉孩子的集中力。

烹飪的時候，要手眼並用。

一會兒要切，一會兒要剝皮，一會兒又要打雞蛋，如果不集中精神，就可能會受傷。

哪怕是在用手提攪拌器打泡的時候，如果一不留神，也會弄得容器裏的材料突然飛濺出來。

用火的時候，會有燙傷的風險。

如此一來，孩子便會明白，如果不集中精神，就會導致可怕的結果。

讓孩子經歷過這些，可以鍛煉他們自主地去集中注意力。能夠隨時切換頭腦的注意力的開關，無論對於學習還是工作都是非常有利。這種能力從孩子小時候起就開始培養，是最有效的。讓小孩子體會到集中注意力的必要性，烹飪是最容易親身實踐的活動。

烹飪可教人生道理

烹飪也能鍛煉孩子不懼怕失敗。

做菜時，肯定會經歷失敗。

失敗經驗，在孩子的成長道路上是很重要的教育。要讓孩子親身經歷失敗，做菜是很好的活動。

本以為過程都進行得很順利，但最終於失敗。究竟是因為哪一個步驟出錯，而導致失敗？

孩子感到不甘心之後，就會想要再嘗試再做一次。這樣就會令孩子明白一個重要的道理：不要恐懼失敗，因為失敗是成功過程的一部分。

「下一次更小心一點」、「下一次加多一點水」孩子會體驗到努力和耐心能導致成功。

若做好的料理很美味，孩子就會更加堅信努力終有回報。不斷積累失敗經驗，才能真正體會到成功那一刻的喜悅。

最關鍵的是要讓孩子學會分享成功的果實。自己做好的點心或餸菜，一個人吃十分乏味。想給別人嘗嘗，聽聽別人的感想。看到人家吃得高興或得到讚賞時，孩子會親身體驗到分享的喜悅。這種願意與他人分享的心情就是慷慨大方的開始。

孩子將會懂得，只有自己一個人成功是沒有意義的，和別人分享才是快樂人生。

通過烹飪，孩子可以在無意識中體驗和學習人生道理。

遇到挑戰，不怕失敗，繼續努力者獲得成功，也能與人分享。若孩子們可以這樣做，育兒可說是成功了。

讓孩子們學做菜，可以鍛煉他們今後生存的重要能力。

學會了烹飪，就等於掌握了一輩子都用得着的自立生存的技能。因為教孩子烹飪不只是學做菜那麼簡單，而且從中灌輸給孩子過幸福人生的多種知識力量和道理。

增強創造力

烹飪鍛煉孩子的創造力。

做菜時要把擺在眼前的原材料，通過自己的想像製作成全新的東西。

因此，必須在腦中想像最後成品的模樣。

其中，既會要把別人的食譜忠實還原的情況，也可能是要做誰都沒做過的原創料理。

如果是後者，就需要有發明創造的能力了。

烹飪通過做菜的人發揮創造力，有無限的變化。

人們常道，烹飪是藝術。

這話真的沒錯。

因為每一個做的菜都是獨一無二的，而每一個吃這道菜的人，都會有不同的反應。自由創作的世界，是沒有絕對的一百分。

教小孩子做菜，能簡單地鍛煉他們的創造力，令他們明白，不要怕與人不同，變化是好事，他可以創造出來。

練習等待

做菜能令孩子學會等待。

我第一次和孩子一起做的食物是果凍。

將果凍粉溶於水，倒入杯子，放進雪櫃就行了。

接下去就只需要「等待」。

訓練孩子學會等待的能力很重要。

心理學家說，能夠獲得成功的一個必要條件就是具備「等待的能力」——就算當下並沒有立即感受到樂趣，也會耐心付出努力、繼續堅持下去。這是為了實現夢想之路上一個很重要的能力，是成功者非有不可的能力。

烹飪能教會孩子學會等待，有耐心。

無論是做果凍，還是要放進焗爐烘焙的點心，或者做湯、煮燉菜，做這些料理的過程中都必須耐心等待。

「性急吃虧」，能夠耐心等待結果的人，最終才能成功。

和孩子做點心

孩子最開始做料理時從簡單的做起比較好。最關鍵在於給予孩子成就感和自信心，讓他感到有成就感。這裏我給大家介紹幾道經過我家實驗成功的簡單料理吧。

肉桂多士

在麵包上塗牛油，撒上肉桂粉和砂糖，然後放進焗爐烘香即可。簡單兩三步，就能出品一道看上去特別美味的料理。而且也是孩子們喜歡的口味。

螞蟻上樹

這是我在史丹福大學留學期間學會的一道點心。準備一根西芹，去掉葉子後以適當長度切好。在西芹的凹溝裏塗滿花生醬，然後在上面放些葡萄乾。

整個過程，就像創作一件藝術作品一樣。孩子們每次做這道點心都是幹勁十足。

最後做好的成品，看上去真的像螞蟻正在爬樹的樣子，孩子們一邊興奮地發出驚歎聲，一邊迫不及待開始吃自己做的點心。

咬起來口感爽爽脆脆的，齒間滿溢花生醬的香味，還有甜絲絲的葡萄乾，所以這道點心非常受孩子們歡迎。

曲奇餅

曲奇餅是製作成功率很高的烘焙點心。無論是揉麵粉還是擠成不同形狀，就像玩黏土遊戲一樣，非常開心。

第一次可能做傳統的牛油曲奇，後來慢慢地可加入堅果、朱古力之類的材料，或者嘗試製作各種不同形狀的曲奇。

孩子們就像玩遊戲一樣不斷挑戰，樂於嘗試不同的做法。做好後是可以和其他人分享。

chapter 15

用食物來慶祝

Celebrate with food

從節日的傳統食物學習文化

我們家每年都會慶祝許多傳統節日活動。元旦、春節、撒豆節、情人節、女兒節、端午節、復活節、賞櫻花、母親節、父親節、七夕節、中秋節、萬聖節、感恩節、聖誕節……所有節日我們都會慶祝。再加上各自的生日，真是挺忙的。無論甚麼節日，都有特定的傳統食物。

我希望讓孩子通過了解這些食物，親身感受與自己相關的文化。元旦吃新年料理和年糕湯，品味日本文化；春節吃年糕（甜的中式糕點）和蘿蔔糕，欣賞中國傳統；情人節做橙皮朱古力吃；女兒節吃壽司；復活節做彩蛋；賞櫻花會自製便當帶去公園；端午節包糭子；中秋節吃月餅；感恩節吃南瓜批和火雞；聖誕節吃布甸和火腿……

我們不僅會做中國和日本傳統節日的食物吃，也會做西方國家的傳統食物。節日的食物包含着每一個民族的歷史與文化底蘊，可以幫助孩子了解世界。孩子們吃到這些傳統食物，就會開始對相關民族的歷史和文化感興趣。

這樣用食物去慶祝，我希望整年間裏增加多些歡樂，讓孩子們覺得活着是很快樂的。我想令他們了解到，在世界的某個角落每天總有人會在慶祝着某個節日。

我希望他們長大成人之後，會自發地去思考關於自己在世界上的定位，能欣賞和接受異地文化，與所有人都能共存。就是因為這樣，孩子們參與了許多節日慶祝活動，收穫了豐富多彩又美味的體驗，也不知不覺地感受到其他文化的好處。

生日蛋糕成為家人們的美好回憶

提起慶祝，別忘了「生日」。

無論多忙，家裏所有人的生日蛋糕，我都會親手做。

我們家三個孩子、我和丈夫，加起來每年要舉行五次生日大活動。

每年，即將到孩子生日的時候，我會事先問他們想吃哪種蛋糕，然後幫他們實現願望。

我指的蛋糕，不是普通的芝士蛋糕、草莓蛋糕，而是「老虎蛋糕」、「熱帶魚蛋糕」、「恐龍蛋糕」這些奇特有趣樣式的蛋糕。

在我為家人做的蛋糕之中，「熱帶魚蛋糕」是最令我頭痛的要求。

三兒子將要五歲的那一年，我問他「今年希望吃怎樣的生日蛋糕呀？」他用充滿着期待的眼神望着我說：「我希望吃好像在水裏游泳的熱帶魚蛋糕！」這個要求太不容易了。

把蛋糕形狀弄成熱帶魚的樣子，還算簡單。珊瑚和海藻的形狀也能做出來。最大的問題是模仿海水。總不能直接倒水，不然蛋糕就毀了。想了幾天，我找到了方法。我做了藍色和綠色的果凍，來呈現熱帶魚在大海中的樣子。在果凍裏的七彩熱帶魚蛋糕，真的好像在海中游泳一般的。

三個孩子和他的小朋友們看到蛋糕時的驚喜歡

我用朱古力粉做了二兒子的長相在蛋糕上，他開心不已。

呼聲，現在還不能忘記呢！

而我做過的蛋糕中，得到傳奇性的地位是「恐龍蛋糕」。在恐龍形狀的蛋糕上用綠色忌廉，加上糖果等等做裝飾。

每次來參加生日會的孩子們都會興奮地大快朵頤。到現在，孩子聚在一堂時，還會提起期待吃恐龍蛋糕的模樣。

近年我過生日時，兒子們會反過來為我做生日蛋糕。

三年前，三兒子從美國回來為我做生日。

他早上起來時對我說：「媽媽，今年我為您做蛋糕！」

可是，第一個太硬，第二個太軟，失敗了兩次他也不放棄，花了整整一天時間為我做蛋糕。

完成的蛋糕是第三個！

朱古力草莓蛋糕，好看又好味！他的心意，真令我感動。

我對他說：「多謝你為媽媽努力！」

兒子笑着說：「小時候，媽媽為我做蛋糕，現在我為媽媽做蛋糕是應該的！」他的心意，真令我感動。

去年，三個兒子們為了慶祝我的生日，請我吃飯。飯後談到他們小時候生日蛋糕的話題。

「媽媽做的蛋糕真厲害啊！」、「那時候真開心！」、「太美了！」、「又好味道！」三人說個不停。「恐龍蛋糕最難忘！」、「我喜歡自己生肖的大蛇蛋糕！」聚在一起回憶美好童年。

突然，他們三個作出決定：「我們發誓，如果我們自己有了孩子，也要每年親手為孩子做生日蛋糕！」

我聽到他們這決定，開心到要落淚了。他們真的感受到媽媽的愛，覺得幸福，而決定為自己的孩子做蛋糕！「太棒了！」我心中大感安慰。

我希望生日蛋糕的愛的連鎖，能一直繼續下去。

製作感恩節餡餅的回憶

每年感恩節來臨之前，我家就會變成南瓜餡餅的製作工坊。

不知道為甚麼，我做的南瓜餡餅深受大家好評，連我的朋友也會來跟我說：「也給我做一個吧。」向我「訂做」。

結果，我家自己要做五個，要帶三個去兒子的學校，工作上的夥伴要給兩個，加上朋友的「訂做」有十二至十五個。

也就是說，每年我要烤二十個以上的南瓜餡餅。

餡餅的麵糰是用餅乾碎做的，所以孩子們也能幫忙操作這一步。

於是，每次做餅的時候，家裏就會響起一陣陣「咚咚咚、咚咚咚」敲碎餅乾的聲音。

完成整個餡餅的製作需要三天時間。

但是，過程非常快樂。

家裏滿溢香味，頓覺臨近年末。

我會對孩子們說：「這一年大家都很努力，一起來感恩吧！」懷着這樣的心情，每年我都會給大家做南瓜餡餅以示感恩。

通過創造，分享食物，我們可以令孩子們感受到父母的愛，人類文化的廣泛，生活的喜悅。

用愛做出來的食物，不但能幫孩子們填肚子，更可以使他們得到被愛的溫暖，在他們心裏留下美好的種子。

最近為孩子們做的生日蛋糕

二兒子想吃朱古力蛋糕

三兒子要吃提拉米蘇

大兒子要求吃蘋果批

chapter 16

孩子挑食？不用慌

No need to force
your child to eat
everything

孩子的挑食問題

身為父母，大概都希望自己的孩子不挑食、不偏食，甚麼都能吃。因為這樣孩子才可以充分地吸收各種營養，才能健康茁壯地長大。我也是這麼想的。

我自己其實就有許多食物是不吃的。比如我不愛吃葱。一吃葱，胃就不舒服。魚生也吃不了。

雖然生蔬菜我最近開始可以吃一點了，但還是不愛吃太多。小時候我住在香港，因為當時香港的水質不好，任何食物都要煮熟了才吃。從小養成的習慣很難改。

我的挑食還挺厲害的。爸爸則是不能吃乳製品。魚生、生蔬菜、乳製品等，雖然父母不愛吃，我們還是希望自己孩子都能吃得了。

在這一方面，我們兩個通力合作。

媽媽吃不了的東西，爸爸負責吃；爸爸吃不了的食物，媽媽負責吃。

比如生魚子，當我們想要讓孩子吃生魚子的時候，爸爸會故意在他們面前自言自語：「這是成人吃的東西，小孩子不知道懂不懂吃呢。」這麼一說，便引起孩子好奇心，他們會饒有興致地試着品嘗。

孩子一說：「我想吃吃看。」我就邊問：「真的嗎？看你能不能吃哦？」邊給他們吃一小口，順便擺個架子繼續說：「好吃吧？」

就像這樣，順利給孩子嘗試了一樣他們沒吃過的新食物。

平時我也會一直對孩子們說：「你們可別學媽媽樣哦。吃葱對身體好，吃了預防感冒哦。媽媽就是因為小時候沒有吃這些，現在才吃不了的哦。」

之後看到孩子們吃我不能吃的東西時，我會一臉羨慕地看着他們。

「真羨慕你們甚麼都能吃，真棒！」盡情的去鼓勵他們。

現在，我的兒子們已經超過父母，甚麼都能吃。

孩子實在吃不了就不要勉強，尋找替代食物就行

可是有家庭可能無論如何都解決不了孩子挑食的問題。
我覺得不必過於擔心。
原本父母想讓孩子甚麼都能吃的願望，是因為希望孩子可以攝取充分的營養。
如果這是原因的話，那麼家長可以通過學習，了解有哪些食物可以代替自己孩子吃不了的食物。
要是孩子不愛吃西蘭花，可以吃菠菜代替。
要是孩子不願意吃紅蘿蔔，那就吃南瓜。
去找找看營養成分相似的食物，會發現有很多可以互相替代。
當然，最重要的，就是一定要向孩子好好解釋。
「如果你不吃葱的話，那就吃韭菜、大蒜吧。」像這樣，讓孩子明白挑食本身不是問題，問題在於挑食會導致營養元素不足。
不要訓斥挑食嚴重的孩子，也不要對他唉聲歎氣，我覺得最好是先坦然地接受孩子的喜好，之後再想辦法去解決。

不要對孩子生氣，可這樣對孩子說：「不吃這個，換成吃那個吧。」耐心地和孩子解釋，積極面對問題，才能圓滿地改善孩子挑食的情況。

作為父母，應好好學習營養知識，把各種不同的食材有機組合起來，製作出營養均衡的料理，這樣的話，孩子是否挑食，算不上甚麼大問題。

快手菜「炒菠菜」（見198頁）

chapter 17

找出孩子吃得少的原因

Find out why your child eats like a bird

是不能吃？還是不想吃？

經常有媽媽向我諮詢關於孩子吃飯的問題，其中我聽到最多的是：「我家孩子吃得很少，很擔心。」

如果人沒有吃夠東西，體力就會低下，沒有幹勁。身體變得虛弱，容易生病，會造成各種問題。

孩子不吃飯的理由，可能有幾點：

可能是腸胃功能弱，消化機能無法順利運轉，這需要通過檢查找到原因所在。

消化不良、胃痛、肚瀉，如果孩子頻繁出現類似症狀，要去看醫生比較好。

如果確認腸胃沒有問題，那麼也許就是孩子根本不感到肚餓。

肚子不餓

可能是孩子由於缺少運動，不容易肚子餓。

如果一直坐着的話，身體消耗的能量很少，因此就不會有食慾。

若是這個原因，就要讓孩子多多運動。

譬如帶孩子到公園，玩玩捉迷藏，玩玩木頭人不許動的小遊戲，進行到處跑來跑去的活動，這就可以大大幫助他增進食慾，吃得多一點。

其他可以消耗體力的活動如跳繩、打羽毛球、走路、出門購物……怎樣都行，只要是能活動身體，務必讓孩子多做一些。運動多了，孩子的食慾一定會有改善。

孩子每天都在生長發育。他們需要骨骼、內臟、肌肉發展所需的營養。正常的食慾是成長的必須條件。

另外一個導致孩子肚子不餓的理由是，吃飯之前吃了太多其他東西。小點心、果汁、雪糕……這些零食已經把肚子塞飽了，所以到了吃飯時孩子就吃不下去。

所以，父母要控制好孩子吃零食的份量和次數。

飯菜不美味

還有一點應該考慮的原因是，也許孩子覺得自己家裏的飯菜不好吃。如果是這樣，父母要反省一下自己提供的飯菜是否美味，或種類多不多。多做一點不同的菜式，盡量找到孩子喜愛吃的食品。哪怕是父母和孩子，在口味喜好上也會有所不同。想要讓孩子好好吃飯，家長也有必要配合孩子付出努力。

其他騷擾

其他影響食慾的原因包括被電視節目吸引，吃飯時不集中。或想打遊戲機，覺得吃飯是浪費時間。或是一邊吃飯，一邊看漫畫，根本不知道自己在吃甚麼。

如果是這樣的情況，在家裏吃飯時請把電視關了，改成錄影，吃完才給孩子看。吃飯時不能打遊戲機或看漫畫，要求孩子把注意力放在食物上。

如果孩子在家裏吃飯菜吃膩了，可以帶孩子去公園來次野餐、燒烤，把吃飯重新變為喜歡的事。

父母請用心，能令孩子覺得吃飯是件開心事，每天吃飯都為孩子準備一些驚喜，令孩子期待一家人吃飯的時光，這樣，孩子就會樂於認真吃飯的。

引起食慾的「生薑炒雞肉」（見212頁）

chapter 18

我家孩子是不是太胖了？

Is my child overweight?

孩子能否成功減肥，全看父母

如果自己的孩子太胖了，該怎麼辦？

也許你會說，那就讓他多運動不就解決了嗎？

但是，要做到這一點並不容易。

我是減肥的老手。

由於工作性質關係，我不能發胖。所以，說我一輩子都在減肥也不為過。要問我有甚麼經驗的話，我覺得如果想要瘦下來，控制飲食是最有效的。

但是大家必須要注意，到底要以甚麼樣的標準認定一個人是肥胖的。

沒有必要隨波逐流。只要不至於不利健康的程度，稍微胖一點點也沒關係。

因為萬一孩子生病的話，身體有足夠的貯儲能量反而更好。

只是說，如果胖到對身體產生負擔了，即使是孩子，這樣胖下去也並不健康。所以這時就必須減肥了。

在真正開始節食減肥前，首先要養成健康的飲食習慣。

但是，已經胖了的話，就要先找出發胖的原因。

我可以說，大部分情況都是因為孩子攝入了太多碳水化合物和甜食。

如果可以注意控制這一方面，孩子一定能瘦下去。

孩子能否成功減肥，全看父母。

父母的身型如果是比較胖的，孩子也很容易胖。這不單是遺傳，而可能是家居飲食習慣的問題。

不妨回想一下你們家人平時的飲食生活吧。

是份量太多？或會不會每天都吃高卡路里的食物？為了孩子，可能要改變不良的家居飲食習慣。

如果父母很瘦，但是孩子卻胖嘟嘟的，說明他有可能趁你不在身邊的時候吃了不少東西。要是這樣的話，首先了解一下孩子每天吃了甚麼東西，在哪裏吃，吃了多少。

如果是經常把孩子托給別人照顧，就請了解一下那段時間別人給孩子吃過甚麼東西。

不要責怪孩子，要多了解他的飲食份量和內容，幫他改善。要和孩子有商有量，因為如果孩子能夠了解和同意的話，事半功倍。要是孩子抗拒的話，無論父母多熱心，也難得到好的結果。

節食並不是甚麼都不能吃

提到要控制飲食，聽上去就感覺很辛苦，但事實上並不是這樣的。節食並不意味着不能吃甜的東西，想吃甜時，吃點水果就行。如果覺得只吃水果不滿足的話，可以吃一點黑朱古力或雪糕。雖然朱古力和雪糕卡路里不低，但有其各自的營養成分，並不都是完全沒用的卡路里。

節食並不意味着不能吃油炸的，只要不是常吃便可。太鹹的零食和甜的汽水一起吃，是最壞的一種搭配，所以要避免。

代用食品

小孩子吃點心和零食是生活的樂趣，也可以補充三餐之間需要的能量，但若孩子過胖的話，要細心選擇給他們吃健康的東西。

孩子小時候，我不會給他們吃薯片，倒是會給他們吃爆谷。而且爆谷也可以在家做。先在鍋子裏放入沙律油和鹽，然後把乾的粟米粒

（爆谷用）放進去，用蓋子蓋上，大火加熱。鍋裏的粟米粒開始發出「砰、砰、砰」爆開的聲音後，改為小火。「爆炸聲」沒有了，就打開蓋子。這樣，一份熱騰騰的爆谷就在面前。

每次做爆谷，孩子們都非常高興。

通常我們會少吃點糕，而給他們吃粟米和番薯。

夏天粟米特別甜，我會在孩子們放學回來時，在枱上放上用水燒開過的粟米。他們都會眼睛一亮的去吃，是好的點心代替品。

吃番薯時則用烤的方法。買一些較小的番薯，放進小焗爐裏烤焗約三十分鐘。簡簡單單就能做出令人垂涎的美味烤番薯。

另外，也可煮番薯糖水或南北杏雪耳雞蛋糖水等。

紅豆沙只要不加太多糖也是好選擇。

當然，增加運動量也是十分重要，培養孩子喜歡運動，可以幫助他有一個健康的體魄。

只要父母努力，一定能幫助孩子控制體重。請大家加油！

chapter 19

預防感冒的對策

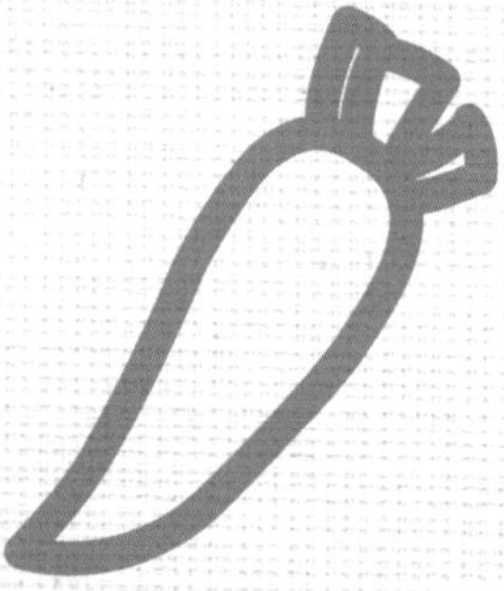

Common cold prevention and remedy

感冒了，喝點紅蘿蔔水

預防感冒的工作，每年秋季就可以開始做。

每到這時候，我會做些暖身的湯品，調整好孩子的身體狀況。

為了不讓孩子身體受涼，我也會注意讓他們少吃冷食。

洗完澡以後，也讓他們早些上床睡覺。

其次，我經常注意天氣預報，給孩子增添或減少每天穿的衣服。

即使如此，孩子偶爾還是會得感冒。

孩子得了感冒還發燒的時候，我會做有退燒效果的「紅蘿蔔水」（具體做法請參考第182頁）。

先將紅蘿蔔切薄片，然後燉煮，最後加少許冰糖即可。

紅蘿蔔水具有利尿作用，不但幫助發汗，還能修復乾燥的黏膜。

它可以代替平日的開水，喝大量的紅蘿蔔水會令孩子出汗、小便增多，這樣就能退燒了。

空氣乾燥起來了，做些湯品

冬天快要來臨時，空氣變得越來越乾燥，特別容易得感冒。當感覺到空氣變乾了，就應花點時間煲些湯水。廣東人愛煲湯，常常用到乾貨如瑤柱、蝦乾、冬菇在湯裏。在煲湯的過程中，乾貨食材的味道會慢慢滲透出來，使湯濃郁入味。我還會用藥材和各種蔬菜。把肉和其他材料放進煲中，用長時間把湯做好，因為我是廣東人，所以我有這煲湯的習慣。多喝湯水，不但對身體好，更能提高家人對疾病的抵抗力。

身體虛弱，「溫食」進補

在外國，如果得了感冒沒有食慾，一般情況下，會給病人吃清爽的新鮮水果來補充維他命C，或者吃潤喉的乳酪。但在中國，絕對不會這樣做，因為這樣做會使身體變涼。如果吃生冷的東西，就會使虛弱的身體更加虛弱。

所以中國人在生病的時候一般會喝熱湯、熱粥等溫熱的食物。粥裏放點肉和蔬菜，可以攝取足夠的營養。

要避免吃積聚熱氣的油炸、烘烤食品。牛油、花生等難於消化的食品也不要給孩子吃。

如何預防咳嗽

如果孩子得的是病毒性感冒、感染病，必須及時帶去看醫生。

與此同時，可以用蘋果、雪梨，加上肉桂、杏仁、大麥、無花果乾、龍眼乾和蓮子等煲湯水喝。

這種湯水可以潤喉，所以如果身體狀況不佳的時候持續喝一陣子，有助預防咳嗽。

孩子得了咳嗽會非常消耗體力，非常辛苦。

咳嗽的症狀開始後，往往孩子會變得非常磨人、愛鬧彆扭。

因此，要是得了感冒，控制住不發展到咳嗽這一步很重要。

剛才談到的水果加肉桂等食材煲出來的湯水如在感冒早期開始喝用，大多不會發展到咳嗽的地步。

孩子們雖然嘴裏說：「這只是媽媽的心理安慰罷了。」但每次煮給他們喝，他們都會乖乖喝下去。

當然我是因為相信這種湯有止咳效果才會給孩子喝的。

我家的孩子感冒時很少會發展到咳嗽。

我會這麼重視控制不出現咳嗽症狀、要保護好喉嚨，可能也和我的歌手身份有很大關係。

我自己平常也一直注意保護好喉嚨健康。第一就是不讓喉嚨受涼。

而且，我也經常吃潤喉的食物。

黑木耳、雪耳，以及金菇和山藥等黏稠度高的食物都很不錯。其他還有白蘿蔔、肉桂、薄荷，對喉嚨有好處。

多給孩子們灌輸預防疾病的知識，有助他們長大後能保護自己。

BISTRO JEANTY

chapter 20

不眠之夜

Sleepless nights

孩子入睡難？找找原因吧

孩子難以入睡有各種各樣的原因。

首先想想是不是因為孩子不覺得累所以才不睏？還是精神太緊張？或者覺得太熱、太冷？也許還會是因為有胃脹氣。

如果孩子是因為不覺得身體累，說明他一天下來精力還很旺盛，這時候讓他多活動活動是最好的。

比如帶孩子出去跑步十五分鐘左右，玩玩追逐的遊戲。回家以後馬上洗個澡，再泡一杯熱牛奶或蜂蜜檸檬水給孩子喝，這樣孩子就能睡得很安穩了。

如果原因是孩子精神太緊張，那就可以給他喝一點略甜的、可以稍微飽腹的糖水。在我家，我會煮番薯糖水和不太濃稠的紅豆沙。

天氣熱的時候，我會把紅豆換成綠豆，可以給身體降降溫，這樣更加好。

而在西方國家，通常習慣喝熱牛奶和熱朱古力。

給孩子喝完之後，我就會和孩子一起鑽進被窩，給他們讀讀書、唱唱歌。等他們慢慢安靜下來，自然就睡着了。

即使是還未懂走路的嬰兒也會有精神緊張而睡不着的狀況。

這時候，媽媽可以用嬰兒揹帶把寶寶貼在胸前抱着，走到室外去吸吸新鮮空氣。一邊唱着《搖籃曲》，一邊在家附近轉一圈，回來後，嬰兒一般立即就能睡着。

這是因為被媽媽抱在懷中會令孩子感到安心，聽着媽媽的心跳聲，呼吸着室外的新鮮空氣，便能舒舒服服地睡覺了。

如果孩子睡不着是因為太熱，最好的解決辦法就是用扇子給孩子搧搧風。

夏天的時候，也可以開冷氣，但要把溫度調高一點，然後再用扇子以相同的節奏給孩子搧風。一把小扇子如同小擺錘一樣搧動，孩子就容易睡着了。就像搖動嬰兒搖籃的節奏一樣。

冬天的時候，最好的解決辦法是陪孩子一起睡。

把孩子的小腳放在自己肚子上給他暖暖腳。

但是，一般來說，孩子的身體本來就是暖的，體溫不會低，因此家長要注意，如果孩子因為覺得冷而睡不着，應該先檢查一下是不是生病了，最好給孩子量量體溫。

為了使孩子安穩入睡，要在晚餐下工夫

孩子還會因為甚麼睡不着呢？還有一個原因，就是飲食。晚上吃了甚麼食物，同樣也會影響到睡眠質素。

有些孩子的體質可能會因為晚上吃肉而睡不着覺。如果是消化功能較弱的孩子，消化時間比其他孩子長，夜裏平躺在床上，胃酸就會湧上來。這樣不但對食道不利，還會影響喉嚨健康。喉嚨壞了，就更容易得感冒了。

如果你的孩子屬於這種體質，請盡量不要在晚飯時給孩子吃太多油炸食物和肉類。

當希望孩子在晚上睡得更好的情況，譬如翌日要參加運動會，或者學校有考試，需要孩子精神抖擻的時候，當晚的晚餐可以做些魚丸、魚湯等，給孩子吃些容易消化的食物，這樣，孩子晚上一定可以睡得很好。

chapter 21

有益頭腦的食物

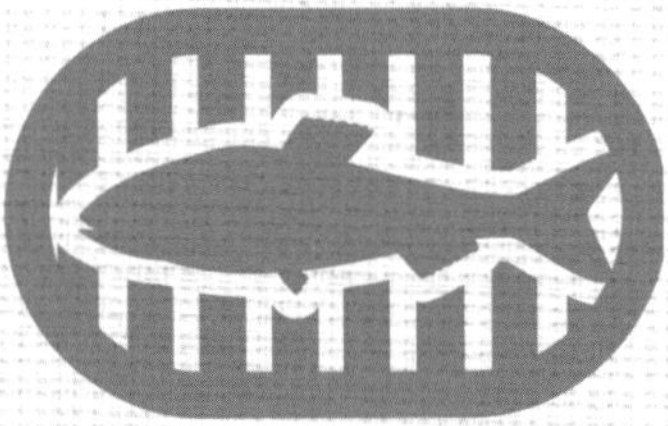

Food for the brain

應該多給孩子吃甚麼食物？

那麼，具體來說，甚麼食物有益於孩子頭腦健康呢？其實有很多。讓我舉一些例子，大家可以參考一下：

魚

魚是對保持腦機能有效的食品，特別是含有奧米加-3油脂的魚類，如三文魚、鰤魚、秋刀魚、沙甸魚等。

要讓孩子喜歡上吃魚。但是像金槍魚般體型較大的魚，由於體內含鉛機會較高，應該盡量避免吃太多。

最近有許多孩子不愛吃魚。那麼，作為父母應該怎麼辦呢？

第一點，就是讓孩子多了解、多親近魚類。世上的事物，無論是甚麼，只要熟悉了，就較大機會喜歡。所以我推薦家長可以帶孩子去釣魚。

在我家，爸爸很喜歡釣魚。從孩子們三歲左右起就帶他們一起去釣魚了。最初只是去釣魚場而已，但隨着孩子們慢慢長大，他們會到各地釣魚。我跟着一塊兒去釣魚的時候，去的是溪釣為多。我不參加的時候，他們就會去海釣。

釣上來的魚，都是我們自己處理和食用。因為是自己親手釣上來的魚，每次都吃得津津有味。孩子參加這種活動的次數越多，吃魚也變得越來越熟練了。

魚骨太多，吃起來太麻煩；有些魚腥味重，很不喜歡——我自己以前也是這麼想的。但是自從開始自己釣魚，我會做的魚料理變多了，魚也吃得越來越多。

魚種類相當豐富，所以不要因為孩子不愛吃某幾種魚就一刀切地認為他任何魚都不會吃。你一定能找到孩子喜歡吃的魚的。

在香港，我們會以清蒸的方法煮魚，非常好吃。整條魚放在碟上直接蒸熟，然後放上葱絲，最後在魚上淋豉油和熟油，這樣就做好了。

我家的晚餐，必定會上一道魚。

魚是非常重要的食材，吃魚能讓人更聰明，更健康。

莓果類

專家認為藍莓、黑莓、紅莓等莓果類對於頭腦健康非常好。

中國人認為紅棗和杞子是對頭腦很好的食物。這些食材中含有的物質，有助於大腦細胞之間的傳遞變得更高效。

食用這些食材，可以讓人變年輕，改善大腦內部的整體環境，還不容易氧化，能補充人的精力。

我盡量給孩子們多吃一點莓果。想吃到性價比高的莓果有點難，一是因為莓果的價格比較高，二是農藥殘留較多。所以我盡量給孩子們吃有機莓果。

我也常用紅棗和杞子。它們可以直接食用，也可以加到湯水裏。在我家裏，莓果是不可缺的食材。

薑黃

據說印度人很聰明，是和他們吃薑黃有很大關係，所以人們覺得薑黃對頭腦健康也有好處。薑黃含有抗氧化物質薑黃素，薑黃素可以抑制大腦內的小炎症，還能提高記憶力。而且，薑黃素也有助於大腦發育，能預防抑鬱情緒的產生。大家都非常愛吃的咖喱中，肯定含有薑黃。

我家就經常做咖喱飯。另外，我做的咖喱味春卷加入了薑黃，也是孩子們的最愛。

西蘭花

西蘭花也被大家認為對身體非常好。它含有維他命K，是對於形成大腦細胞中的脂肪是必需的物質。含有維他命K的食材並不多見。因此，我們要多吃西蘭花。

我家經常做的菜有清炒西蘭花。先把西蘭花放鍋裏稍為翻炒，然後加水、蓋上鍋蓋，等顏色變成翠綠後便可上碟，然後澆上蠔油。這道菜相當美味，孩子們都非常喜歡吃。

種子

大家可能不怎麼會去吃種子。其實，像葵花籽、南瓜籽、西瓜籽等，這些種子類食物對頭腦健康非常有利。

橄欖種子裏的內芯部分稱為欖仁，也是中國菜的材料。

種子類食物富含鋅、銅等礦物質。

體內鋅含量不足，人會感覺腦中像蒙上了一層霧般，意識不清。鋅能促進血液循環，它也是使神經元突觸順利傳遞資訊的必要成分。

種子類食物吃起來會讓人很開心，所以家裏可以常備一些，慢慢習慣去吃。

堅果類

我也強烈推薦大家多給孩子吃堅果類。由於堅果類富含維他命E，能夠提高孩子的記憶力，還能維持年輕細胞的生命力，對心臟也很有好處。

只要活着，可以說心臟無時不刻都在跳動，所以我們要間中慰勞一下它。堅果類食物中被認為最健康的是核桃。與青魚一樣，核桃中富含奧米加-3。

想要美容和保持頭腦健康，建議每天都吃核桃。

但是，由於核桃所含卡路里頗高，不要吃得太多。

黑朱古力

黑朱古力中的可可有健腦作用。其中含有大量類黃酮，而類黃酮是一種多酚物質，具有抗氧化作用。可可也有助於提高記憶力。而且，吃朱古力還能讓人心情變好。人如果感到快樂，就會在腦中分泌出會感到快樂的荷爾蒙。對於頭腦健康而言，這種荷爾蒙是非常重要的。

人為甚麼會感到開心呢？是不是就是因為類黃酮在起着作用呢？目前尚不得而知。

大家可以給孩子吃些不太甜的低糖黑朱古力。

雞蛋

人們非常熟悉的雞蛋，同樣對頭腦健康有益。雞蛋裏含有維他命 B 雜、維他命 B_6 和 B_{12}。雖然這類維他命也可以通過吃豬肉補充，但是雞蛋中還含有膽鹼成分，而膽鹼具有傳遞腦細胞資訊的作用，它也是製造神經元突觸的原材料，因此這種成分對人體來說非常重要。維他命 B_{12} 對於傳遞腦細胞資訊也非常有用，而且它是人體中極易流失的維他命。讓孩子適當吃些雞蛋，促進他的頭腦功能發育吧。

柑橘類

柑橘類也對頭腦健康有幫助。

柑橘類富含預防身體老化的維他命C。維他命C具有修復細胞、預防感冒等功效，所以也要讓孩子多吃含維他命C的食物。比起喝果汁，直接吃水果更好。

紅豆及紅色食材

中國人普遍認為吃紅豆對頭腦非常有好處。因為它能幫助神經元突觸互相連接，還能增加新的神經元突觸的產生。我經常做紅豆沙和紅豆飯。另外，紅豆也可以放進湯裏。

而中醫的說法是，紅色的、味苦的食物對頭腦

有益處。

紅豆、核桃、苦瓜、紅棗、杞子、石榴等食材有助於維持頭腦健康。蓮子的芯雖然非常苦，但是據説它對大腦也非常好。紅色的、味苦的食物有很多，為了孩子頭腦健康，可讓他們多多攝取。

chapter 22

所有家務中，做飯最優先

Cooking is my top priority

如何在很忙的情況下，堅持做料理給孩子吃

經常有人問我：「你這麼忙，每天還要做早飯、便當、晚飯，甚至還會做點心。怎麼有時間做那麼多事情啊？」

的確，我每天的日子就跟打仗似的。

但因為我非常愛孩子，希望他們能健康長大，想給他們吃更多好吃又有益的食物，想讓他們通過食物感受媽媽的愛，更想一直見到他們燦爛的笑容，所以我想盡辦法為他們做飯。

我每天都要盯着當天的日程表，研究如何去利用時間。如果馬上要開生日會了，想想這次要做甚麼好吃的。那麼我就會要找一段時間出門買禮物和食材。快要舉行運動會了，用哪一段時間去做一家人的便當呢……等等，總之就是一天到晚也閒不下來。

我在工作結束回家的車上，就會開始思考當天晚飯的菜單。

譬如說，想到今天只有二十分鐘做飯時間，該做甚麼好呢？然後開始回想雪櫃裏有甚麼食材，來決定當天做哪些菜。

如果有更多時間的話，就會煮些東西，做燜排骨、包餃子、煲湯水等等。

如果時間不夠，主要就做能在短時間裏做好的菜式，如炒菜、蒸魚等等。

事先了解孩子們喜歡吃甚麼，便可以迅速做好菜。

每次看到孩子們開心地吃着熱騰騰的白飯時，我感到所有付出的辛勞都是值得的。

沒錯，我也常常感到照顧孩子時間很不夠用。不過，我覺得不要過分追求完美，要計劃家務的優先順序，思考一下對家人來說，甚麼才是最重要的。

在我家，所有家務中，做菜是最優先的。

其他如清潔、洗衣服當然也很重要。但其實我對一定要把洗好的衣服燙得平平整整這種事情，不怎麼在意。

我們不太在乎別人怎麼看，所以孩子們穿着稍微皺一點的衣服也完全沒問題。

今天不洗衣服沒有問題，但不可不吃飯。

家人如果都有時間的話，我們會一起做一頓好吃的，大家一起玩耍、學習、休息。在我家，吃飯、遊戲、學習、休息這四件事是放在第一位的。

家人們在一起健健康康的，一起學習新事物——為了實現這個目標，就要吃得好。

既然確定了做家務的優先順序，我就額外多出了一些時間。而這些時間，我大部分會花在做飯上。

chapter 23

邀請朋友

來家裏吃飯

Some eat with us

我能充分了解孩子的朋友們

孩子們經常會在放學後，把自己的朋友帶到我們家，也不是那種刻意讓他們來家作客的鄭重邀請。

譬如兒子們聽到的朋友說：「今天我媽媽不在家，晚上要叫外賣吃了。」就會把朋友帶回家裏。

所以有時候本來只有五個人吃晚飯的，會出現餐桌上擠上了六個、七個，甚至八個人的情況。

在我們家，無論來多少人都非常歡迎。這對孩子來說也是一種自豪。我都不會感到厭煩。

我們總是和自己孩子說，帶多少人回來都沒關係。

外面一提到我的兒子們，不會因為覺得說是陳美齡的小孩而被欺負，大家反而都會誇讚道：「你媽媽的飯很好吃哦。」

我的兒子們和朋友說：「今天我媽媽會做餃子吃哦。」他們的朋友就會問：「那我可以到你家去吃嗎？」當然，兒子們很願意讓朋友們嘗嘗我的手藝，自然會把他們帶回家。

之前我提到，感恩節的時候我們家會烤火雞吃。我的三個兒子在日本的朋友，有許多人都沒有吃過火雞。

孩子們為了吃火雞，絡繹不絕地來到我家。

這件事在孩子間據說已經變成了傳說。

「去那家人家裏，會不停有吃的東西端出來哦，小心吃得太飽啦！」

我的兒子們一交到好朋友，就會帶來家裏玩。

自己的孩子在和誰玩，和甚麼樣的朋友在交往，我都一清二楚。

孩子們會把自己的朋友介紹給父母，也想把自己的父母介紹給朋友。

我的兒子們有這份心，我就覺得很開心。

這證明了孩子是信任父母的。

營造一個讓孩子能安心把朋友帶回來的家

3-11 東日本大地震發生時，東京的震感也非常強。

即使如此，我的經理人還是決定讓我按原計劃出發去音樂會場。

結果出發之後便作罷了，沒有到達目的地之後，原路返回。等我回到家一看，吃了一驚。

當時家裏除了上初中二年級的小兒子，還有他的十幾個朋友。

聽小兒子說，因為我家離學校近，所以他把暫時回不了家的朋友們都帶回來了。

我很感激這些小朋友相信我們。

當時我把手袋放好，動手做的第一件事就是煮飯。

因為要是地震，突然停水停電的話，那就麻煩了，所以我想在這種情況突發之前趕緊把大家的飯做好。

怎麼說家裏也來了十幾個人之多，電飯煲就那麼大，所以煮了好幾趟才煮完。

接着，我又想，萬一沒有煤氣也不能做菜了，家裏還有沒有應急食品呢？

實際上，家裏存着大量的蜂蜜。因為蜂蜜能潤喉，不用放在雪櫃也不會腐壞，所以無論在日本還是其他國家，每到一個地方我都會買點當地的蜂蜜。加上有時別人會送我一些吃的，平常都會特意儲起來，以備不時之需。此外，果醬也還有不少。所以我就想，這些正處於發育期的孩子們有了這些食物，應該夠吃五天了。

在等待父母前來接他們回家前，我把家裏所有吃的都拿了出來。飲料、點心、飯糰、水果……

因為孩子們看到電視新聞裏的海嘯畫面，受到了不少驚嚇。吃點東西，也好安撫他們的緊張情緒。

那天晚上，大部分孩子的父母都來接自己孩子回家了，最後留宿在我家的只有兩個孩子。

「幸好媽媽喜歡做飯，令朋友們能有避難的地方，謝謝您！」當孩子對我說這句話時，我真的安慰不已，淚水也湧出來了。

現在兒子們回來日本，偶爾還會帶朋友來家裏。

一年前，大兒子就曾經帶十個朋友回來。所有人住在我家，我家一下子變成了民宿。早上，我光給他們烘麵包就忙得很。還有那麼多份香腸、煙肉、荷包蛋，還要準備水果和咖啡。晚上，我會做壽喜鍋、烤全雞等菜式。雖然很辛苦，但那時候真的很開心。二兒子也帶過八個朋友回來，三兒子則更厲害，同時帶了十二個朋友回家。如今他們還能像小時候那樣，毫無顧慮地把朋友帶到家裏，我真是高興得無以言表。感謝，同時也相當感激。

烹飪可以影響感情

烹飪不是一種才能，沒有誰是天生就會做菜的。

烹飪是一門藝術。

品嘗食物後的感想，其實是極其個人化的，它是由品嘗者當下的心情、感情、經歷來決定這道菜是否美味的。

食物，可以影響人的感情。

吃起來的味道、聞起來的香味，如果當下人的心情積極向上，吃完就會感到更加開心。

因此，我想通過給孩子們做菜，讓他們擁有更多美好而正面的回憶。

以前，有一位年輕女同事，她身材嬌小，十分可愛。她跟我說，她小時候從離乳食開始吃的就是即食麵。

而且她從來沒有見過自己的母親做飯的樣子。

她說她不曾有過在家吃飯的美好回憶。那時的她，連一個煎蛋都不會做。

但即使有這樣的經歷，後來她和一位很不錯的男士相識，最後決定結婚。她後來去上烹飪課程，終於學會了烹飪。

可是，她結婚沒多久，在三十多歲時身體狀況急轉直下，得了重病。不能生育孩子，最後離婚了。

但我真的覺得，飲食對於一個人的健康太重要了，她從小卻沒有任何人來教她，實在很可惜。

想要讓孩子的身體強壯結實，最好的方法就是保持健康飲食。

小時候養成的習慣，長大後也還是會堅持下去。

烹飪是有益於人生的技能

在食材豐富的國家出生長大，如果不會做飯，實在太吃虧了。

這一點不光是對於女性而言，男性也是如此。

中國烹飪是一種很健康的飲食文化。

我覺得應該好好學習，並傳授給下一代。

這項能夠守護自己和家人健康的技能，還是掌握住比較好。

了解自己和家人的體質，然後養成良好的飲食習慣。
我的三個孩子現在也是自己做飯。
他們將來有了孩子之後，希望他們能把我教過他們的菜式傳給我的孫子們。
傳承文化有各種各樣的方式，而代代相傳，是我認為最溫暖的一種傳承方式。

一起分享更美味的「椰菜豬肉餃子」（見196頁）

陳美齡親授菜譜！

想做給孩子吃的菜式

在這裏，我將教大家製作書中提及的有功效又易於做的菜餚。做法十分簡單，請各位讀者務必試試看哦！

＊份量大約是2～4人份，請按實際人數自行調整。

不眠之夜

番薯糖水

孩子晚上睡不好，乾脆來份夜宵吧

材料

番薯……350 克（大小適中，1.5 個）
水……750 毫升
冰糖……60 克

做法

1. 番薯洗淨後直切為兩半，半個去皮，另外半個不去皮，切成如骰子大小的不規則塊狀。
2. 把切好的番薯放入鍋中，加水，開大火。
3. 煮到番薯變軟（約 10 分鐘）。中途水變少了就添加一些，保持和之前同樣的水量。然後加入冰糖。
4. 冰糖融化後關火便可。

【功效】甜度剛好，不會對胃部造成負擔，也是比較容易消化的碳水化合物。一碗喝下去，身心都暖和放鬆下來了，還有助於安眠。番薯中的維他命 C 比較耐熱，因此還可以預防感冒。

感冒時

紅蘿蔔水

「孩子是不是感冒了？」

適合於感冒初期、發燒時

材料（1 人份）

紅蘿蔔……150 克（大小適中，1 根）
水……700 毫升
冰糖……10 克

做法

❶紅蘿蔔洗淨後切成薄片。

❷把切好的紅蘿蔔放入鍋中，加水，開大火煮沸。

❸中途水變少了可加一些，保持和之前同樣的水量，直至煮出來的湯水像配圖照片那樣的顏色。然後加入冰糖。

❹冰糖融化後關火。只要舀出一次要喝的量即可，之後可以再加水或紅蘿蔔，多煮幾次。

＊ 這裏的紅蘿蔔是不吃的。

【功效】具有利尿、排汗效果。還可以修復喉嚨等部分的黏膜。可以替代日常喝的開水。

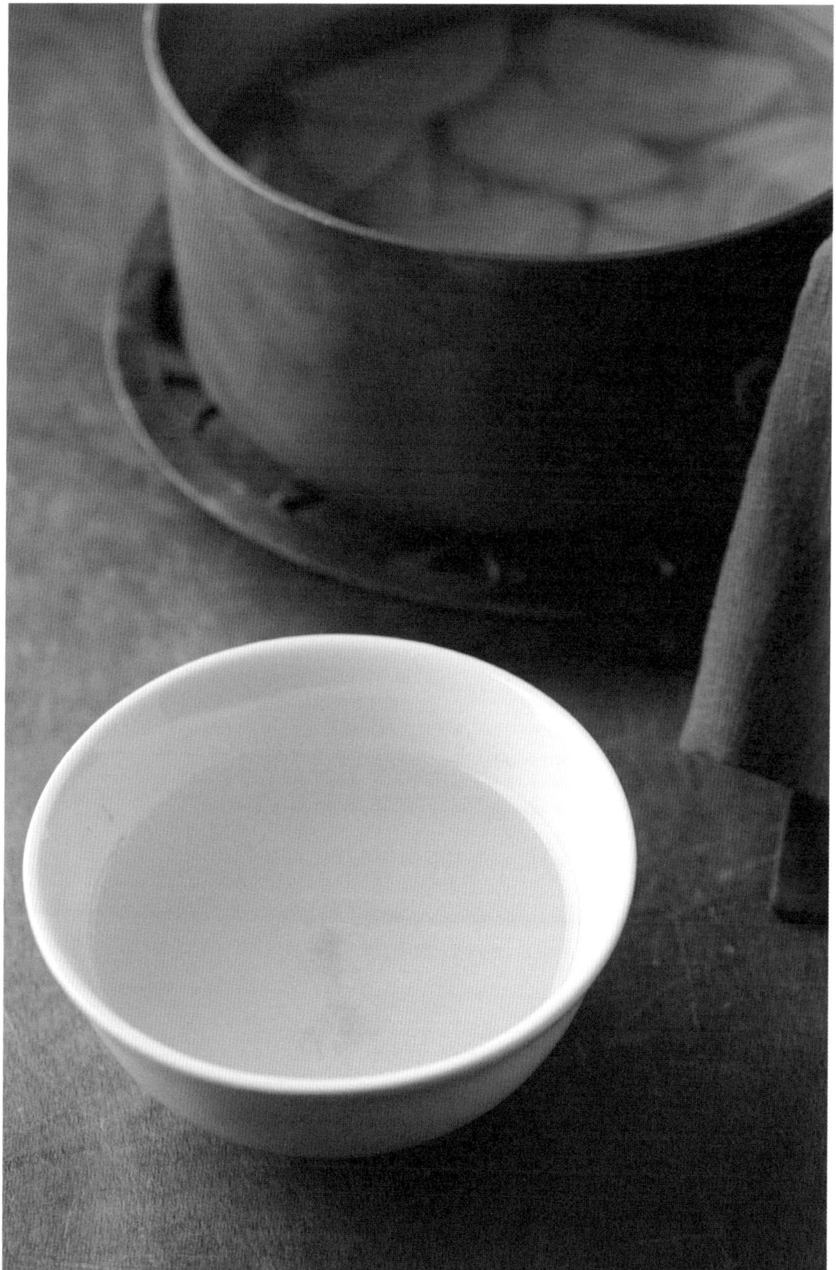

餐桌上的熱烈交流

蒸魚

擺盤有氣勢的魚菜式，在慶祝的日子登場。使餐桌上的交流更熱烈！

材料

鯛魚或鯖魚等……1 條（長度約 30 厘米）
青葱……3 條
生薑……20 克（切薄片）+ 30 克（切絲）
芫茜……適量
葱……1~2 條
油、豉油……各 3 湯匙

* 如沒有專用蒸器：在中式鍋或平底鍋裏放多些水，然後在中間倒扣放一個杯子或蒸架，再在上面放上盛魚的碟，蓋上鍋蓋即可。為了防止碟難以取出，可以事先在碟下鋪一塊小毛巾或抹布。

做法

1. 在鯛魚魚皮上用刀斜切兩刀（兩面都切）。青葱切成約 7 厘米長。20 克的生薑切成 2~3 毫米的厚度。
2. 在能放下一整條鯛魚的碟上，先放上切好的青葱、生薑，再放上鯛魚。鯛魚上面再放些青葱和生薑。
3. 開大火蒸 15 分鐘左右。用筷子戳一下魚身，如果魚骨和魚身能被輕鬆戳開，説明蒸熟了。如果還難以戳開，則再蒸幾分鐘，但要注意不能蒸太久。蒸完後，整碟取出，把魚移到其他擺盤用的碟。
4. 用斜切的葱絲、生薑絲和芫茜作裝飾。
5. 在平底鍋裏加入油後開火燒熱，再加點豉油，隨後關火（注意別被油濺到）。將熱油澆在魚身上即成。

【功效】吃魚對頭腦很好，是推薦大家多吃的食材。脂肪較多的魚類富含 EPA、DHA。葱特有的強烈香氣，其中所含的硫化烯丙基成分有助於人體吸收維他命 B_1，促進血液循環，溫熱身體，對改善疲勞也有幫助。生薑同樣具有暖身的效用。

感覺疲累時

豬肝肉丸粥

發覺孩子最近有些疲累，用這道菜補補營養

材料

白米……1 杯（約 160 克）
鹽……1 1/2 茶匙
豬肉碎……140 克
蛋白……1 個
胡椒粉……少許
豉油……2 茶匙 +1 湯匙
豬肝……100 克
葱……按個人喜好

做法

1. 白米洗淨後放入大鍋，加入米量 6~7 倍的水後蓋上鍋蓋，開大火。鍋蓋不要全部蓋上，稍稍留一條隙縫，保持沸騰。用鍋勺攪動鍋底，每幾分鐘一次，防止白米黏鍋。中途水變少了便另加一些。米粒漲開後（約 30~40 分鐘），加入鹽。
2. 在煮的過程中，製作肉丸。將豬肉碎、蛋白、胡椒粉、2 茶匙豉油放大碗中攪拌均勻，製作出 8 個肉丸。
3. 豬肝用 1 湯匙豉油預先調味。
4. 粥做好之後，放入肉丸，蓋上鍋蓋、開火，徹底煮熟。
5. 肉丸熟後，再放入豬肝攪拌。蓋上鍋蓋，關火。鍋中餘熱使豬肝變熟即可。按喜好撒些葱粒即可享用。可以加點胡椒粉，也很好吃。

【功效】豬肝富含鐵質，能提高心臟機能，補血。豬肉有助於代謝糖分，富含保障大腦中樞神經正常運作的維他命 B_1，同時也對提高免疫力有幫助。粥類易於消化，不會對胃部造成負擔，同時又補充營養。

媽媽做的點心

銀杏雞蛋豆漿糖水

營養價值高，媽媽累的時候也會想吃的一道點心

材料

豆漿（有機）……600 毫升
水……300 毫升
銀杏（白果）……110 克（罐裝也可）
冰糖……55 克
雞蛋……4 個

做法

1. 在大鍋中放入豆漿、水、冰糖和銀杏，開中火。
2. 鍋裏開始沸騰後，小心地打入雞蛋，關火（如果用的是生銀杏，要煮熟後才放入雞蛋）。
3. 蓋上鍋蓋等待 4~5 分鐘。待蛋白凝固、蛋黃半熟便可。

【功效】這道點心加入了對頭腦有益的雞蛋。豆漿富含蛋白質。銀杏有助於排汗、排毒，但注意不能吃太多。冰糖對肝臟、胃、喉嚨都很好。如果作為夜宵，還有安眠作用。

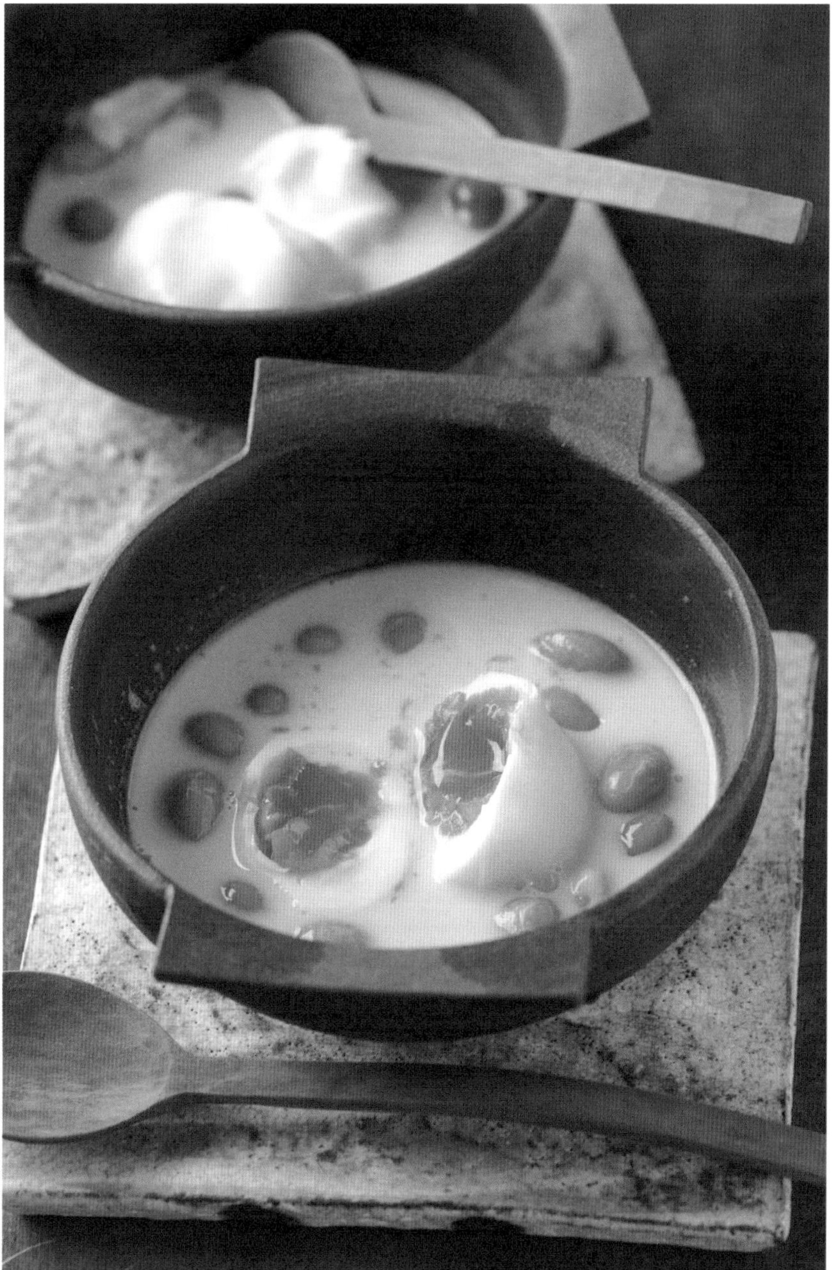

補充維他命

番茄雞蛋湯

一道快手湯，媽媽忙碌時的方便菜

材料

雞蛋……3 個
番茄（建議選擇熟透、大小適中的）……3 個
鹽……1/2 茶匙 + 1 茶匙
油……2 湯匙
水……300 毫升

做法

❶ 番茄洗淨後切成不規則塊狀。雞蛋放碗中打勻，加入半茶匙鹽攪拌溶解。

❷ 平底鍋裏加入 1 湯匙油先熱鍋，然後把蛋液全部倒入鍋中，用大火把裏外都煎熟。

❸ 關火，把平底鍋中煎好的雞蛋分成適當大小（約 8 小塊），先盛起備用。

❹ 在平底鍋中重新加入 1 湯匙油熱鍋，放入番茄塊，大火煸炒。番茄塊變軟後加水。

❺ 鍋中沸騰後，把雞蛋放回鍋裏，蓋上鍋蓋。

❻ 等雞蛋完全變鬆軟後開蓋，加入 1 茶匙鹽調味，試味後即可。也可按喜好加入少許豉油。

【功效】喝這道湯能攝取到不少蛋白質和蔬菜纖維，又能暖身。番茄富含有助預防感冒的維他命 C、抑制老化的維他命 E、幫助排出鹽分的鈣質和具有抗氧化作用的番茄紅素等成分。由於屬於紅色食材，也對心臟健康很好。

和孩子一起做

茶葉蛋

這是恐龍蛋嗎?!
可以和孩子一起做的雞蛋菜式

材料

雞蛋……4~5 個
紅茶或中國茶等茶色較濃的茶葉……能蓋住雞蛋的量
豉油……50 毫升

做法

❶ 先做水煮蛋。鍋中放入雞蛋和蓋住雞蛋的水量，蓋上鍋蓋。沸騰之後關火，靜置一會兒。

❷ 待雞蛋涼到可以徒手取出的溫度就拿出來，用湯匙敲開蛋殼，但不要剝掉全部外殼。

❸ 在碗或鍋中放入破了殼的雞蛋和茶葉、豉油，放置一晚。

❹ 第二天取出雞蛋，剝除蛋殼便可。

【功效】雞蛋富含有助於腦細胞運轉的膽鹼。這日常食材通過不同的烹調方法來製作，不但有趣，還可以刺激孩子的頭腦發育。

特別小點

橙香四溢小點心：橙皮朱古力

DIY小點心，大人孩子都開心

材料

橙皮……2 個
砂糖……90 克
水……500 毫升
黑朱古力……100 克

做法

1. 橙皮洗淨後瀝乾水分，切成 1 厘米的細長條。
2. 鍋中放入水（材料標示份量之外的約 500~600 毫升）和橙皮，開大火。水煮沸後，橙皮瀝乾水分備用。
3. 鍋裏再放回橙皮，加入砂糖和 500 毫升水，開大火。
4. 待水燒到差不多全部蒸發，橙皮白色部分開始變透明，關火。
5. 將橙皮擺放在廚房紙上，放一個晚上晾乾。
6. 翌日，在碗中放入弄碎的朱古力，用熱水座融。
7. 朱古力融化後，用筷子夾起橙皮，放進朱古力醬塗勻。
8. 把塗勻朱古力醬的橙皮放在新的廚房紙上，放入雪櫃。待朱古力凝固後即完成。除了橙皮外，還可用八朔橘皮，也很美味。

【功效】可可中含有的類黃酮具有抗氧化作用。柑橘類的水果富含維他命 C。吃了好吃的點心，人也會變得快樂。大腦中充盈着幸福的荷爾蒙，因此對於頭腦健康也很有益。

給討厭蔬菜的孩子

椰菜豬肉餃子

多做一些，全家享用，開心極了！

材料

餃子皮……約 25 張
豬肉碎……170 克
椰菜……230 克
鹽……1/4 茶匙
豉油……2 茶匙 ＋ 1 1/2 茶匙
生粉……少許（2~3 克）
麻油……適量

做法

❶ 各材料洗淨。椰菜切絲，切得愈幼細愈好。

❷ 在碗中放入豬肉碎、椰菜絲、鹽、2 茶匙豉油、生粉，用手把材料揉勻。加入 1 1/2 茶匙豉油後繼續揉。

❸ 把揉好的餡料包入餃子皮中。最後捏餃子皮口的時候，可用一點生粉水（材料標示份量之外）黏緊。

❹ 平底鍋裏薄薄地塗一層麻油，把包好的餃子整齊地排列鍋中。加入浸沒餃子一半高度的水，蓋上鍋蓋，開大火。

❺ 等水燒得快蒸發了，開蓋，讓水分繼續蒸發掉。等餃子變得焦焦的，把火調至慢火。

❻ 平底鍋四周和餃子之間再澆一次麻油，待餃子表面散發焦香味後，關火。

❼ 用一隻碟倒扣着蓋住平底鍋，將平底鍋底部朝上翻過來，使餃子盛在碟中。如用易潔的平底鍋，更容易出鍋。

【功效】就算是討厭吃蔬菜的孩子，也能在不知不覺間吃進很多蔬菜。椰菜裏除了含有維他命 C，還有對胃黏膜有好處的維他命 U，對骨骼發育有益處的維他命 K。豬肉中也富含各種維他命。

提升
免疫力

炒蔬菜：生菜、西蘭花、菠菜

鎖住營養元素，短時間即可完成的炒時蔬

材料

西蘭花……1 株
鹽……適量（約 2 小撮）
油……1 湯匙
水……150 毫升
蠔油……適量

做法

❶ 西蘭花洗淨後切成易於入口的大小。
❷ 平底鍋放油，下西蘭花略炒，使西蘭花都裹上油。
❸ 開大火。按個人喜好放鹽，加水，蓋上鍋蓋。
❹ 待約 2 分鐘後開蓋，輕輕攪拌後出鍋。盛在碟上，澆上蠔油。

材料

生菜……1/2 個
鹽……適量（約 2 小撮）
油……1 湯匙
水……約 100 毫升
蠔油……適量

做法

❶ 生菜洗淨後掰成大塊。
❷ 平底鍋裏倒油，放入生菜。輕炒生菜，使生菜都裹上油。
❸ 開大火。按個人喜好放鹽，加水，蓋上鍋蓋。
❹ 等 30 秒左右開蓋，輕輕攪拌後出鍋。盛在碟上，澆上蠔油。

＊三道清炒時蔬口感都有嚼勁。平底鍋中留下的汁液要扔掉。

【功效】西蘭花、菠菜等黃綠色蔬菜中富含的 β-胡蘿蔔素，通過使用炒的烹調方法，令人體更易吸收。這三道菜可以使皮膚和黏膜更緊致，還能提高人體免疫力。所用蔬菜均無須事先水煮，即可短時間完成，保留最多蔬菜中的維他命 C。

材料

菠菜……1 束
鹽……適量（1 小撮撒 2 次）
油……1 湯匙
水……100 毫升
蒜頭……1 片

做法

1. 菠菜洗淨後，去除根莖部分後對半切。蒜頭切薄片。
2. 平底鍋裏放油，放入菠菜和蒜頭輕輕翻炒，使它們都裏上油。
3. 開大火。按個人喜好放鹽，輕輕攪拌後加水，蓋上鍋蓋。
4. 待約 20 秒開蓋，撒 1 撮鹽，輕輕攪拌後便可。

強健身體

小棠菜肉碎燜飯

忙碌的時候，做這一道，就可作營養均衡的一餐，

材料

白米……2 杯（約 320 克）
小棠菜……2 束
豬肉碎……110 克
豉油……1 湯匙 ＋ 1 湯匙
鹽……1/2 茶匙
胡椒粉……少許
油……1 湯匙 ＋ 1 湯匙

做法

1. 各材料洗淨。白米洗淨，放入電飯煲，比平常煮飯少放些水，按煮飯鍵，煮到蒸氣冒出為止。
2. 小棠菜切碎。
3. 豬肉碎預先調味。加入 1 湯匙豉油、鹽、胡椒粉、1 湯匙油一起攪拌。
4. 平底鍋裏放入 1 湯匙油熱鍋，調好味的豬肉碎下鍋翻炒。炒熟後，加入小棠菜和 1 湯匙豉油繼續炒。關火。
5. 待電電飯冒出蒸氣後開蓋，加入第 4 步驟中的材料。平底鍋中如有剩餘的汁液，直接倒掉。
6. 繼續以電飯煲煮飯。上桌時可加一個荷包蛋，非常美味。

【功效】小棠菜可以提高胃部和肝臟機能，保護皮膚和黏膜，同時富含能提高免疫力的 β - 胡蘿蔔素。β - 胡蘿蔔素與油結合在一起，更易被人體吸收。豬肉也富含維他命 B_1，能保障大腦中樞神經功能的正常運轉。

心情不佳時

冬菇蓮藕豬肉湯

快要到冬天，空氣開始乾燥起來，這時就想做這道湯

材料

蓮藕……230 克
冬菇……5 朵
豬腿肉（或豬柳肉）1 塊……200 克
水……約 1 公升
鹽……1/2~1 茶匙

做法

❶ 各材料洗淨。蓮藕連皮切成不規則的大塊。

❷ 冬菇浸軟，去蒂。豬腿肉汆水後備用。

❸ 鍋中放入蓮藕、冬菇、豬腿肉，加入水，開大火煮。中途水少了便另加些，保持和之前同樣的水量。

❹ 煮約 2 小時後關火。加鹽調味。

* 蓮藕和冬菇都可以吃。肉切成薄片也可直接食用。

【功效】蓮藕中含有的維他命 C 具有耐熱強的特點，蓮藕也富含食物纖維。這道湯可以強健身體，補充精力，提高免疫力。蓮藕具有溫胃潤肺、利尿的作用，也能緩解憂鬱情緒，更有助於安眠。冬菇可以提高人體免疫功能。

紓緩腸胃不適

蘋果豬肉湯

天氣開始轉涼，便來到蘋果季

材料

蘋果（建議用富士蘋果）……
1 1/2 個（大）或 2 個（小），約 300 克淨重
豬腿肉（或豬柳肉）塊……150 克
鹽……1 茶匙
水……約 1 公升

做法

1. 各材料洗淨。蘋果連皮切成 4 份，去芯。或先去蘋果芯，直接用一整個蘋果。
2. 豬腿肉汆水後備用。
3. 把切好的蘋果、豬腿肉放入鍋中，加入比浸沒食材稍多點的水。
4. 開大火，蓋上鍋蓋煮。中途水變少了便另加一些，保持和之前同樣的水量。煮 1~2 小時。加鹽調味。

＊ 蘋果可以直接吃。肉不要吃。

【功效】蘋果中的維他命 C 耐熱。靠近蘋果外皮部分的多酚成分對於抑制過敏症狀很有效。豬腿肉中的維他命 B_1 是水溶性物質，因此能充分溶於湯中。這道菜可以紓緩疲勞的腸胃，在吃飯前先喝湯，之後不會胃脹。

夏日解暑

梨子豬肉湯

發高燒之後或遇夏日暑熱時

材料

梨……11/2 個（大）或 2 個（小），
約 300 克淨重
豬腿肉（或豬柳肉）塊……180 克
鹽……1 茶匙
水……約 1 公升

做法

1. 各材料洗淨。梨切成 4 份，去芯。或先去梨子的芯，直接用整個梨。
2. 把切好的梨和豬腿肉放入鍋中，加入比浸沒食材稍多一些的水。
3. 開大火，蓋上鍋蓋開始煮。中途水變少了就另加一些，保持和之前同樣的水量。煮 1~2 小時。
4. 加鹽調味。

＊ 梨可以吃。肉不要吃。

【功效】梨子的甜來自山梨糖醇的果糖成分，它比一般糖類的卡路里低，也不容易導致蛀牙。這道湯具有止咳、解熱效果，富含食物纖維，因此也有助於緩解便秘。豬肉中的維他命 B_1 為水溶性物質，可以充分溶於湯中。這是一道紓緩腸胃的湯品。

冬菇冬瓜蝦乾豬肉湯

燥熱時降溫

讓你的身體能抵禦夏日暑熱

材料

冬瓜……800 克
蝦乾……15 克
冬菇……3 朵
豬腿肉……120 克
鹽……1 茶匙 + 約 1 茶匙
豉油……1 茶匙
胡椒粉……少許
生粉……少許（2~3 克）
水……約 600 毫升

做法

1. 各材料洗淨。蝦乾和冬菇浸軟（材料標示份量之外；蝦乾用約 300 毫升水，冬菇用約 400 毫升水），浸蝦乾和冬菇水留下備用。蝦乾切半，冬菇切成骰子狀。
2. 冬瓜去皮，切成如大骰子的形狀。
3. 豬腿肉切成小骰子形狀，預先調味。用 1 茶匙鹽、豉油、胡椒粉和豬肉揉勻，加入生粉後再次揉勻。
4. 大鍋中倒入冬瓜、豬肉和蝦乾、冬菇，並加入浸蝦乾和冬菇水，另加一點水。
5. 開大火，沸騰後煮約 20 分鐘。加入 1 茶匙鹽，試味即成。

＊ 所有食材都可以吃。

【功效】冬瓜水分充足，可以幫助身體散熱，因此也適合在日曬過後或發高燒時食用。具有利尿作用和增進食慾的效果，富含鈣質。豬肉中的維他命 B_1 有助消除疲勞。蝦乾富含能使腦神經正常活動的煙酸和維他命 B_6 等成分。這道湯有助提高肝功能和腎臟機能。

寒性體質的對策

生薑炒雞肉

勾起食慾的香味。
針對寒性體質，為冬日餐桌增添色彩。

材料

雞胸肉（去皮）……1 塊（約 200 克）
生薑……100 克
鹽……1/2 茶匙
豉油……1/2 茶匙 ＋ 1/2 茶匙
胡椒粉……少許
生粉……適量（稍多一些）
油……1 湯匙 ＋ 2 湯匙

做法

❶ 各材料洗淨。生薑連皮切薄片。
❷ 雞胸肉切成小骰子狀，預先調味。加入鹽、1/2 茶匙豉油、胡椒粉、1 湯匙油揉勻。加入稍多的生粉再次揉勻。
❸ 平底鍋中加入 2 湯匙油熱鍋，開大火炒生薑至熟。
❹ 倒入雞胸肉再翻炒。雞肉熟了後加 1/2 茶匙豉油，煮到稍稍變焦即可。

【功效】生薑的暖身效果很強。此外，它還具有提高免疫力、止咳、促進排汗等作用，因此也適用於感冒初期。去皮的雞胸肉屬於低卡路里的蛋白質。這道菜可以提高肺部機能。

有助保持頭腦靈活

栗子燜雞翼

暖心味道，讓孩子想起媽媽做的菜

材料

雞翼……10 隻（約 400 克）
鹽……1/2 茶匙
胡椒粉……少許
豉油……1 湯匙
油……1 茶匙 + 2 茶匙
栗子……120 克 + 60 克

做法

1. 各材料洗淨。雞翼在關節處切半，放入碗中，加入鹽、胡椒粉、豉油、1 茶匙油一起揉勻，靜置約 5 分鐘。
2. 鍋中加入 2 茶匙油，倒入雞翼，大火翻炒至表面焦黃，不用熟透。
3. 加入可浸沒雞翼的水量。倒入 120 克栗子，蓋上鍋蓋開大火繼續煮。中途水變少了便加一些，保持和之前同樣的水量。煮約 30 分鐘，轉為中火。邊試味邊調味。
4. 倒入剩下的 60 克栗子，煮到水差不多乾。最後雞肉的油脂會沉到鍋底，此時再次開大火。像油炸般，輕輕攪拌，即可。

＊ 請勿用小火，否則雞皮會過於鬆軟。

【功效】栗子中的維他命 C 耐熱強，另外也富含維他命 B_1，有助代謝碳水化合物，以及保持大腦中樞神經機能的正常運轉。這道菜對脾臟也有好處。雞翼富含膠原蛋白，能防止肌膚乾燥和強化肝臟功能。

消除
疲勞

苦瓜炒豬肉

夏天孩子想要盡情玩耍，
親子一起充個電吧

材料

苦瓜……淨重 150 克
豬肉……150 克
鹽……1/3~1/2 茶匙 + 1 撮
豉油……1 茶匙
油……1 湯匙 + 1 湯匙
生粉……少許（2~3 克）
水……約 2 湯匙

做法

1. 各材料洗淨。苦瓜斜切薄片，不要碰到水。豬肉切幼條。
2. 豬肉預先調味。加入 1/3~1/2 茶匙鹽、1 茶匙豉油、1 湯匙油，一起揉勻，然後加入生粉再次揉勻。
3. 平底鍋中加入 1 湯匙油熱鍋，開大火，倒入豬肉翻炒。豬肉炒熟開始變焦後，盛起備用。
4. 在平底鍋中重新倒入苦瓜和 1 撮鹽，開大火輕炒一下。加水後蓋上鍋蓋，燜約 30 分鐘後開蓋。
5. 炒到水差不多乾（水如果太多直接倒掉），把豬肉倒回鍋中輕輕攪拌，即可。

【功效】苦瓜屬於藥膳食材，是有益於肝、腎、脾的超級食物，其中苦味成分的苦瓜蛋白可以調整腸胃狀態。苦瓜還富含鐵質與維他命 C，鐵質與維他命 C 相結合可以有效地被人體吸收，從而養成不易疲勞的身體。豬肉富含可消除疲勞的維他命 B_1。

後記

在我自己的育兒經驗中，飲食教育是一個很重要的課題。幸運的是，我的三個兒子都健健康康地長大，如今已獨立了。他們選擇了各自的人生目標，正在奔往實現夢想的道路上。希望他們今後能明智地選擇食物，吃些適合自己體質的東西，健康幸福地渡過每一天。

人為甚麼進食

過去，人們用「肚子」進食。只要肚子飽了就行，不會特意去選擇吃甚麼。隨着人類社會的發展，人們開始用「舌頭」進食。想吃符合自己喜好的食物。隨着人類的進步，人們開始學會用「頭腦」進食。思考吃甚麼食物才是對身體有益的。

但是，我希望的是孩子們能用「心」去進食。
進食時，對食物表達謝意，能和他人分享，用不破壞地球環境的方式來吃。
用感恩、感謝之心進食。
這個「以心進食」的道理，要從家庭教育開始，灌輸給小朋友，所以「飲食教育」是為孩子一生幸福的基本教育。

為孩子身心健康的23個飲食教育法

著者
陳美齡

譯者
陳怡萍

責任編輯
謝妙華

裝幀設計
羅美齡

排版
楊詠雯

攝影
岡本寿

出版者
萬里機構出版有限公司
香港北角英皇道499號北角工業大廈20樓
電話：2564 7511
傳真：2565 5539
電郵：info@wanlibk.com
網址：http://www.wanlibk.com
http://www.facebook.com/wanlibk

發行者
香港聯合書刊物流有限公司
香港新界大埔汀麗路36號
中華商務印刷大廈3字樓
電話：2150 2100
傳真：2407 3062
電郵：info@suplogistics.com.hk

承印者
美雅印刷製本有限公司
香港九龍觀塘榮業街6號海濱工業大廈4樓A室

出版日期
二〇二〇年七月第一次印刷

規格
32開（210mm × 142mm）

Published and Printed in Hong Kong.
ISBN 978-962-14-7250-2